smart is sexy

Orbi.kr

오르비학원은

모든 시스템이 수험생 중심으로 더 강화됩니다.

모든 시설이 최고의 결과가 나올 수 있도록 설계됩니다.

집중을 위해 오르비학원이 수험생 옆으로 다가갑니다.

오르비학원과 시작하면

원하는 대학문이 가장 빠르게 열립니다.

출발의 습관은 수능날까지 계속됩니다.
형식적인 상담이나
관리하고 있다는 모습만 보이거나
학습에 전혀 도움이 되지 않는
보여주기식의 모든 것을 배척합니다.

쓸모없는 강좌와 할 수 없는 계획을 강요하거나
무모한 혹은 무리한 스케줄로
1년의 출발을 무의미하게 하지 않습니다.
형식은 모방해도 내용은 모방할 수 없습니다.

smart is sexy

$Orbi$.kr

개인의 능력을 극대화 시킬 모든 계획이 오르비학원에 있습니다.

랑데뷰시리즈 소개

랑데뷰세미나

저자의
수업노하우가 담겨있는
고교수학의 심화개념서

★ 2022 개정교육과정 반영

랑데뷰 기출과 변형 (총 5권)
최신 개정판

- 1~4등급 추천(권당 약 400~600여 문항)

Level 1 - 평가원 기출의 쉬운 문제 난이도
Level 2 - 준킬러 이하의 기출+기출변형
Level 3 - 킬러난이도의 기출+기출변형

모든 기출문제 학습 후 효율적인 복습
재수생, 반수생에게 효율적

〈랑데뷰N제 시리즈〉

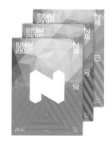

라이트N제 (총 3권)

- 2~5등급 추천

수능 8번~13번 난이도로 구성

총 30회분의 시험지 타입
- 회차별 공통 5문항, 선택 각 2문항
  총 11문항으로 구성

독학용 일일학습지
또는 과제용으로 적합

랑데뷰N제 쉬사준킬 최신 개정판

- 1~4등급 추천(권당 약 240문항)

쉬운4점~준킬러 문항 학습에 특화
실전개념 및 스킬 등이 포함된
문제와 해설로 구성

기출문제 학습 후 독학용
또는 학원교재로 적합

랑데뷰N제 킬러극킬 최신 개정판

- 1~2등급 추천(권당 약 120문항)

준킬러~킬러 문항 학습에 특화
실전개념 및 스킬 등이 포함된
문제와 해설로 구성

모의고사 1등급 또는 1등급 컷에
근접한 2등급학생의 독학용

〈랑데뷰 모의고사 시리즈〉 1~4등급 추천

랑데뷰 폴포 수학1,2

- 1~3등급 추천(권당 약 120문항)

공통영역 수1,2에서 출제되는
4점 유형 정리

과목당 엄선된 6가지 테마로 구성
테마별 고퀄리티 20문항

독학용 또는 학원교재로 적합

최신 개정판
싱크로율 99% 모의고사

싱크로율 99%의 변형문제로 구성되어
평가원 모의고사를 두 번 학습하는 효과

랑데뷰☆수학모의고사 시즌1~2

매년 8월에 출간되는 봉투모의고사

실전력을 높이기 위한
100분 풀타임 모의고사 연습에 적합

랑데뷰 시리즈는 **전국 서점** 및 **인터넷서점**에서 구입이 가능합니다.

CONTENTS

Fighting !

계속 하다보면 익숙해지고 익숙해지면 쉬워집니다.   혁신청람수학 안형진T

조급해하지 말고 자신을 믿고 나아가세요. 길은 있습니다.   휴민고등수학 김상호T

출제자의 목소리에 귀를 기울이면, 길이 보입니다.   이호진고등수학 이호진T

부딪혀 보세요. 아직 오지 않은 미래를 겁낼 필요 없어요.   평촌다수인수학학원 도정영T

괜찮아, 틀리면서 배우는거야   반포파인만고등관 김경민T

해뜨기전이 가장 어둡잖아. 조금만 힘내자!   한정아수학학원 한정아T

하기 싫어도 해라. 감정은 사라지고, 결과는 남는다.   떠매수학 박수혁T

Step by step! 한 계단씩 밟아 나가다 보면 그 끝에 도달할 수 있습니다.   가나수학전문학원 황보성호T

너의 死活걸고. 수능수학 잘해보자. 반드시 해낸다.   오정화대입전문학원 오정화T

넓은 하늘로의 비상을 꿈꾸며   장선생수학학원 장세완T

괜찮아 잘 될 거야~ 너에겐 눈부신 미래가 있어!!!   수지 수학대가 김영식T

진인사대천명(盡人事待天命) : 큰 일을 앞두고 사람이 할 수 있는 일을 다한 후에
하늘에 결과를 맡기고 기다린다.   수학만영어도학원 최수영T

자신의 능력을 믿어야 한다. 그리고 끝까지 굳세게 밀고 나아가라.   오라클 수학교습소 김 수T

그래 넌 할 수 있어! 네 꿈은 이루어 질거야! 끝까지 널 믿어! 너를 응원해!   수학공부의장 이덕훈T

Do It Yourself   강동희수학 강동희T

인내는 성공의 반이다 인내는 어떠한 괴로움에도 듣는 명약이다   MQ멘토수학 최현정T

계속 하다보면 익숙해지고 익숙해지면 쉬워집니다.   혁신청람수학 안형진T

남을 도울 능력을 갖추게 되면 나를 도울 수 있는 사람을 만나게 된다.   최성훈수학학원 최성훈T

지금 잠을 자면 꿈을 꾸지만 지금 공부 하면 꿈을 이룬다.   이미지매쓰학원 정일권T

1등급을 만드는 특별한 습관 랑데뷰수학으로 만들어 드립니다.   이지훈수학 이지훈T

지나간 성적은 바꿀 수 없지만 미래의 성적은 너의 선택으로 바꿀 수 있다.
그렇다면 지금부터 열심히 해야 되는 이유가 충분하지 않은가?   칼수학학원 강민구T

작은 물방울이 큰바위를 뚫을수 있듯이 집중된 노력은 수학을 꿰뚫을수 있다.   제우스수학 김진성T

자신과 타협하지 않는 한 해가 되길 바랍니다.   답길학원 서태욱T

무슨 일이든 할 수 있다고 생각하는 사람이 해내는 법이다.   대전오엠수학 오세준T

부족한 2% 채우려 애쓰지 말자. 랑데뷰와 함께라면 저절로 채워질 것이다.   김이김학원 이정배T

네가 원하는 꿈과 목표를 위해 최선을 다 해봐!

너를 응원하고 있는 사람이 꼭 있다는 걸 잊지 말고~   매천필즈수학학원 백상민T

'새는 날아서 어디로 가게 될지 몰라도 나는 법을 배운다'는 말처럼
지금의 배움이 앞으로의 여러분들 날개를 펼치는 힘이 되길 바랍니다.   가나수학전문학원 이소영T

꿈을향한 도전! 마지막까지 최선을...   서영만학원 서영만T

앞으로 펼쳐질 너의 찬란한 이십대를 기대하며 응원해. 이 시기를 잘 이겨내길   굿티쳐강남학원 배용제T

괜찮아 잘 될 거야! 너에게는 눈부신 미래가 있어!! 그대는 슈퍼스타!!!   수지 수학대가 김영식T

최고의 성과를 이루기 위해서는 최악의 상황에서도 최선을 다해야 한다!!   샤인수학학원 필재T

다른 사람과 비교하지 않고 스스로 과정에 충실하며 최선을 다하시면
언젠가는 목표에 도달한 자신을 발견하게 될겁니다.   오직 예수 최병길T

RENDEZVOUS

Type 1
랑 데 뷰 폴 포

거듭제곱근의 성질

001

모든 자연수 n에 대하여 다음 조건을 만족시키는 100이하의 자연수 k의 개수는?
(단, $a > 0$이고 $a \neq 1$이다.) [4점]

8이하의 자연수 $\log_a 3$에 대하여 $\log_3 \left(\dfrac{a^{3k}}{\sqrt{3}} \right)^n$ 은 자연수이다.

① 72   ② 76   ③ 80   ④ 84   ⑤ 88

002

2이상의 자연수 n과 어떤 자연수 a에 대하여 $n-a$의 n제곱근 중 실수인 것의 개수를 a_n이라 하자. $\displaystyle\sum_{n=2}^{15} a_n = 14$일 때, a의 값은? [4점]

① 5   ② 6   ③ 7   ④ 8   ⑤ 9

003

다음 조건을 만족시키는 모든 자연수 k의 값의 합을 구하시오. [4점]

$\log_{\frac{n}{10}} \frac{3n}{2n+k}$ 의 n제곱근 중에서 음의 실수가 존재하도록 하는 2이상 10미만의 모든 자연수 n의 값의 합이 22 이다.

004

자연수 n에 대하여

$$\frac{\log\left(n^2-40\right)^n}{\log 2}=n\log_2\left(40-n^2\right)$$

를 만족시키는 모든 n의 값의 합은? [4점]

① 7 ② 9 ③ 12 ④ 18 ⑤ 21

005

두 실수 a, p $(p > 2)$와 자연수 n $(n \geq 2)$에 대하여 세 수 a, p, n은 다음 조건을 만족시킨다.

> $n^2 \leq p^2 - a^2$인 모든 자연수 n에 대하여 a의 n제곱근 중 양수의 개수는 20이다.

p의 최댓값을 구하시오. [4점]

006 자연수 n을 원소로 갖는 집합 A를

$$A = \left\{ n \ \middle| \ \frac{n}{4} = \log_9(6m+3), \ m 은 \ 홀수 \right\}$$

라 하자. $n(A)$의 값이 3일 때, 집합 A의 모든 원소의 합의 최솟값을 구하시오. [4점]

007

1이 아닌 두 양수 a, b에 대하여

$$n\log_9\frac{b}{a} = 2\log_{27}a + \frac{4}{3}\log_9 b$$

일 때, $\log_a b$의 값이 정수가 되도록 하는 모든 자연수 n의 값의 합은? [4점]

① 5   ② 6   ③ 7   ④ 8   ⑤ 9

008 함수 $f(x) = \begin{cases} -2^x + 16 & (x < 3) \\ 2^x & (x \geq 3) \end{cases}$ 일 때, x에 대한 방정식

$\{\log f(x)\}^2 - \log\{n(n+7)\} \times \log f(x) + \log n \times \log(n+7) = 0$의 서로 다른 실근의

개수를 $g(n)$이라 하였을 때, $g(n)$의 값이 최대가 될 때의 n의 개수는?

(단, n은 자연수이다.) [4점]

① 6   ② 8   ③ 11   ④ 13   ⑤ 15

009

자연수 n에 대하여 집합 A_n을

$$A_n = \left\{ \log_2 x + \log_2 y \mid x,\, y \text{는 } 2^n \text{의 서로 다른 양의 약수} \right\}$$

라 하자. 집합 A_n의 모든 원소의 합을 a_n이라 할 때, $\displaystyle\sum_{n=1}^{20} \frac{1}{a_n + 3n}$ 의 값은? [4점]

① $\dfrac{8}{21}$ 　　　② $\dfrac{3}{7}$ 　　　③ $\dfrac{10}{21}$ 　　　④ $\dfrac{11}{21}$ 　　　⑤ $\dfrac{4}{7}$

010

x에 대한 부등식

$$(\log_2 n - x)\left\{\frac{1}{\log_{\sqrt{2}} n^2} - \frac{1}{2x}\right\} > 0$$

을 만족시키는 자연수 x의 개수를 $f(n)$라 할 때, $\displaystyle\sum_{n=2}^{8} f(n)$의 값을 구하시오. [4점]

011 2이상인 두 자연수 m, n에 대하여 n의 네제곱근중 양수를 p라 하고, 2^{12}의 m제곱근중 양수를 q라 하자. p, q가 모두 자연수가 될 때 $m+n$의 최솟값은? [4점]

① 12   ② 14   ③ 17   ④ 18   ⑤ 24

012

$-\dfrac{1}{2} < \log_2 \sqrt{a} < 3$인 양수 a에 대하여 $\dfrac{3+2\log_2 a}{4}$의 값이 정수가 되도록 하는 모든 a의 값의 곱은? [4점]

① 2^6 ② $2^{\frac{13}{2}}$ ③ 2^7 ④ $2^{\frac{15}{2}}$ ⑤ 2^8

013   2이상의 자연수 n에 대하여 $\sqrt[3]{2^k}\times 3^4$의 n제곱근 중 그 값이 자연수가 되도록 하는 n의 개수가 1일 때, 100이하의 자연수 k의 값의 합은? [4점]

① 378   ② 384   ③ 390   ④ 396   ⑤ 402

014

$a > -4$인 실수 a에 대하여 x에 대한 방정식

$$\left| \left| 2^x - 4 \right| - 2 \right| + k = \log_2 \frac{a+4}{4}$$

의 서로 다른 실근의 개수를 $f(a)$라 하자. $f(0) + f(3) + f(30) = 4$가 되도록 하는 모든 정수 k의 값의 합은? [4점]

① 1   ② 3   ③ 5   ④ 7   ⑤ 9

015

최고차항의 계수가 1인 삼차함수 $f(x)$와 2 이상의 자연수 n에 대하여 $f(n)$의 n제곱근 중 실수인 것의 개수를 a_n이라 하자. 다음 조건을 만족시킬 때, 모든 $f(10)$의 값의 합은? [4점]

(가) $\displaystyle\sum_{n=2}^{7} a_n = 6$, $f(8) = 0$

(나) 방정식 $f(x) = 0$의 실근은 8이하의 자연수이다.

① 200   ② 224   ③ 250   ④ 276   ⑤ 304

016

자연수 n에 대하여 한 변의 길이가 $2^{\frac{n}{4}}$인 직각이등변삼각형의 넓이의 최솟값을 $f(n)$이라 할 때, $f(20)$의 값을 구하시오. [4점]

017

2이상의 자연수 n에 대하여 다음 조건을 만족시키는 실수 x가 존재하도록 하는 모든 n의 값의 합을 구하시오. [4점]

(가) $-1 < x \le 0$

(나) x는 $\dfrac{n^2 - 14n + 40}{8}$의 n제곱근이다.

---

018 자연수 n에 대하여 x에 대한 부등식 $n < \log_3 x^3 < n+1$의 해 중 정수의 개수를 $f(n)$이라

할 때, $\displaystyle\sum_{n=1}^{17} f(n)$의 값을 구하시오. [4점]

019

2이상 10이하의 두 자연수 m, n $(m > n)$에 대하여 다음 조건을 만족시키는 순서쌍 (m, n)에 대하여 $m + n$의 값을 S라 하자. 모든 S의 합을 구하시오. [4점]

x에 대한 방정식 $x^n = 4^{m+6}$의 실근 중 정수인 것의 개수는 $m - n$이다.

020

자연수 n $(n \geq 2)$와 양의 실수 α에 대하여 $\log\alpha - 2\log n$의 n제곱근 중 실수인 것의 개수를 a_n이라 할 때, 수열 $\{a_n\}$에 대하여 $a_n = 2$를 만족시키는 자연수 n의 개수는 3이다.

α의 최댓값을 M이라 할 때, $\displaystyle\sum_{n=2}^{M} a_n$의 값의 합을 구하시오. [4점]

RENDEZVOUS

Type **2**

랑 데 뷰 폴 포

지수함수와 로그함수의 그래프 해석

021

양수 a에 대하여 $x \geq 0$에서 정의된 함수 $f(x)$는

$$f(x) = \begin{cases} x^2 - 6x + 9 & (0 \leq x < 5) \\ a \times 2^{-x} & (x \geq 5) \end{cases}$$

이다. $t \geq 0$인 실수 t에 대하여 닫힌구간 $[t, t+2]$에서의 $f(x)$의 최솟값을 $g(t)$라 하자. 구간 $[0, \infty)$에서 함수 $g(t)$의 최댓값이 1이 되도록 하는 함수 $f(x)$에 대하여 $\dfrac{1}{f(10)}$의 최솟값을 구하시오. [4점]

022

$a > 1$인 실수 a에 대하여 곡선 $y = \log_a x$ 위의 점 A와 곡선 $y = -\log_a \sqrt{x}$ 위의 점 B가 있다. 직선 AB는 y축에 평행하고 점 $C(0, -4)$에 대하여 직선 AC의 기울기는 직선 BC의 기울기의 2배이다. $\overline{AC} = 2\sqrt{10}$ 일 때, a의 값은? (단, 점 A는 제1사분면에 있는 점이다.) [4점]

① $\sqrt{2}$ ② $\sqrt{3}$ ③ 2   ④ $\sqrt{5}$ ⑤ $\sqrt{6}$

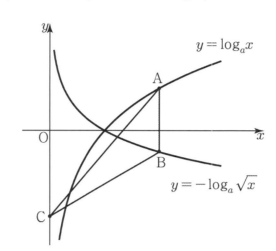

023

두 실수 $a\,(0 < a < 1)$, b에 대하여 함수 $f(x) = a^{x+b}$의 그래프가 y축과 만나는 점을 A,

함수 $f^{-1}(x)$의 그래프가 x축과 만나는 점을 B라 하고 곡선 $y = f(x)$위의 점 C, 곡선

$y = f^{-1}(x)$위의 점 D를 사각형 ABCD가 직사각형이 되도록 잡는다. 직사각형 ABCD의

넓이가 $\dfrac{2}{9}$이고 삼각형 OCD의 넓이가 삼각형 OAB의 넓이의 $\dfrac{3}{2}$일 때, 점 D$(p,\,q)$이다.

$p \times q$의 값은? [4점]

① $\dfrac{5}{24}$ ② $\dfrac{5}{28}$ ③ $\dfrac{5}{32}$ ④ $\dfrac{5}{36}$ ⑤ $\dfrac{5}{40}$

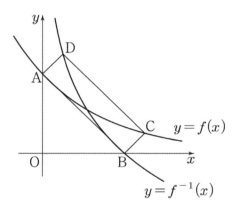

024

그림과 같이 직선 $y = -\dfrac{1}{2}x+3$이 곡선 $y = k \times 2^x$과 만나는 점을 A,

곡선 $y = \log_2(x-2)$과 만나는 점을 B라 하고, 점 A에서 x축에 내린 수선의 발을 점 D,

점 B에서 x축에 내린 수선의 발을 점 C라 하자. 원점 O에 대하여 삼각형 OAD의 넓이가

삼각형 OBC넓이의 $\dfrac{5}{8}$배일 때, 상수 k의 값은? (단, 점 B의 x좌표는 자연수이다.) [4점]

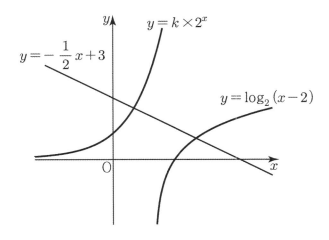

① $\dfrac{5}{4}$　　　② $\dfrac{3}{2}$　　　③ $\dfrac{7}{4}$　　　④ 2　　　⑤ $\dfrac{9}{4}$

025

자연수 n에 대하여 함수 $f(x)$를

$$f(x)=\begin{cases}|\log_2(8-x)-n| & (x \le 0) \\ |n-2^{x+3}| & (x > 0)\end{cases}$$

이라 하자. 방정식 $f(x)=4$의 서로 다른 실근의 개수가 3이 되도록 하는 n의 최댓값을 M, 최솟값을 m이라 하자. $M+m$의 값은? [4점]

① 13 ② 15 ③ 17 ④ 19 ⑤ 21

026

함수 $y = a^{x-1} - 1$과 $y = \log_{\frac{1}{a}}(x+2)$의 x절편을 각각 A, B 라 하고, $y = a^{x-1} - 1$ 위의

점 P $(x > 1)$와 $y = \log_{\frac{1}{a}}(x+2)$ 위의 점 Q $(x > -2)$라 하자. 선분 $\overline{\mathrm{AP}} = \overline{\mathrm{BQ}}$이고,

점 A 가 삼각형 PBQ의 무게중심일 때, 삼각형 PBQ의 넓이 S와 a에 대해 $a^2 \times S$의 값을

구하시오. (단, $a > 1$이다.) [4점]

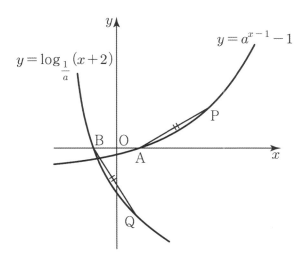

027

제곱한 수가 자연수인 실수 a와 한 자리의 자연수 b $(1 < a < b)$에 대하여 직선 $x = 2$와 두 함수 $y = a^x$, $y = b^x$의 그래프가 만나는 점을 각각 A, B라 할 때, 점 P$(2, 6)$에 대하여 두 삼각형 OAP, OBP의 넓이를 각각 S_1, S_2라 하자. $3S_1 = S_2$일 때, $a^2 + b^2$의 최댓값과 최솟값의 합을 구하시오. [4점]

028

양수 k에 대하여 두 집합 A, B가 $A = \left\{ x \mid x = 2^{x-k} \right\}$, $B = \left\{ x \mid x = \log_2(x+k) \right\}$일 때, $A \cup B = \left\{ x_1,\, x_2,\, x_3 \right\}$이다. $x_1 + x_2 + x_3 = 3$일 때, k의 값은? (단, $x_1 < x_2 < x_3$) [4점]

① 1 ② $\dfrac{3}{2}$ ③ 2 ④ $\dfrac{5}{2}$ ⑤ 3

029 그림과 같이 직선 $y = x - 1$이 두 곡선 $y = \log_a x$, $y = a^{x - \frac{5}{2}} + \frac{1}{2}$와 만나는 네 점을

x좌표가 작은 것부터 차례대로 A, B, C, D라 하자. $\overline{\mathrm{AD}} = 3\overline{\mathrm{BC}}$일 때, a^3의 값은? [4점]

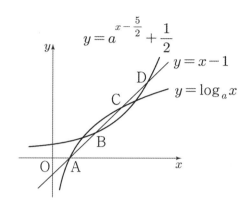

① 3   ② 4   ③ 5   ④ 6   ⑤ 7

030 원점을 중심으로 하고 반지름의 길이가 r 이 원 C 가 있다. $a > 1$ 인 실수 a 에 대하여 $y = a^x$ 와 원 C 가 제1 사분면에서 만나는 점을 P , $y = \log_a(-x)$ 와 원 C 가 제2 사분면에서 만나는 점을 Q 라 하자. $\overline{PQ} = 8$ 이고 직선 OP 의 기울기가 $\sqrt{7}$ 일 때, $r \times a^2$ 의 값은? (단, O 는 원점이다.) [4점]

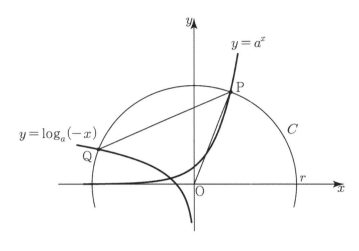

① 24   ② $8\sqrt{7}$ ③ $8\sqrt{14}$ ④ 32   ⑤ $8\sqrt{21}$

031

그림과 같이 $1 < a < 2$인 상수 a에 대하여 함수 $y = 2^x$의 그래프 위의 두 점 A, B와 함수 $y = a^x$의 그래프 위의 점 C가 다음 조건을 만족시킨다.

(가) 선분 BC는 x축에 평행하다.

(나) 삼각형 ABC는 한 변의 길이가 2인 정삼각형이다.

$\log_a 3$의 값은? [4점]

① $\log_2 39$ ② $\log_2 42$ ③ $\log_2 45$ ④ $\log_2 48$ ⑤ $\log_2 58$

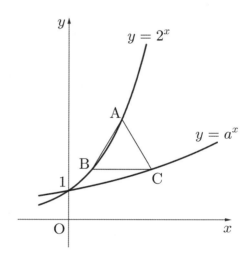

032 함수 $y = 2^x + 1$ 과 원점을 중심으로 하고 반지름의 길이가 r 인 원의 제1 사분면의 교점을 A , 함수 $y = 2^x + 1$ 와 원점을 중심으로 하고 반지름의 길이가 $2r$ 인 원의 제1 사분면의 교점을 B 라 하자. 직선 AB 가 원점을 지날 때, 점 A 의 y 좌표의 값은? (단, $r > 2$) [4점]

① $\sqrt{2}$ ② $1 + \sqrt{2}$ ③ $2 + \sqrt{2}$ ④ $2 + \sqrt{3}$ ⑤ $3 + \sqrt{3}$

033 그림과 같이 실수 $a\,(a>1)$에 대하여 곡선 $y=\log_a x+2$가 원점을 지나는 직선과 만나는

두 점을 각각 A, B라 하자. 곡선 $y=\log_a(x-3)-3$이 점 A를 지나고 기울기가 $-\dfrac{5}{3}$인

직선과 곡선 $y=\log_a(x-3)-3$이 만나는 점을 C, 점 B를 지나고 기울기가 $-\dfrac{3}{5}$인

직선과 곡선 $y=\log_a(x-3)-3$이 만나는 점을 D라 하자. $\overline{\mathrm{OA}}=\overline{\mathrm{AB}}$, $\overline{\mathrm{AC}}=\overline{\mathrm{BD}}$이다.

점 D의 좌표를 $(p,\ q)$라 하였을 때, $p+q$의 값은? [4점]

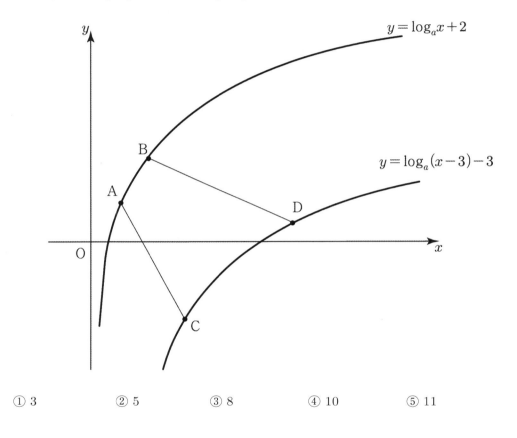

① 3   ② 5   ③ 8   ④ 10   ⑤ 11

034 두 상수 $k\,(k>3)$, $a\,(a>1)$에 대하여 직선 $y=-x+k$가 두 곡선 $y=a^{x+1}+1$, $y=\log_a x$과 만나는 점을 각각 A, B라 하고, 직선 $y=-x+k$가 x축, y축과 만나는 점을 각각 C, D라 하자.

$$\overline{\text{DA}} : \overline{\text{AB}} : \overline{\text{BC}}=1 : 3 : 2$$

일 때, $a \times k$의 값은? [4점]

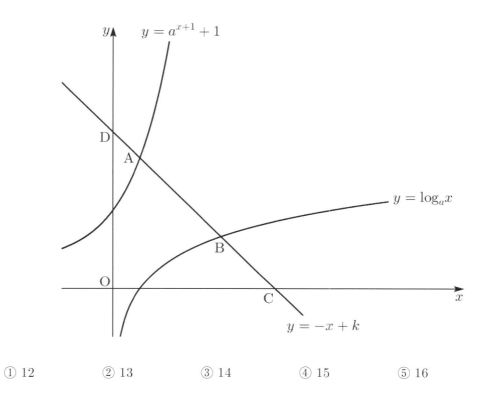

① 12   ② 13   ③ 14   ④ 15   ⑤ 16

035

양수 a에 대하여 두 곡선 $y = \log_2 x$, $y = -\log_2 x + 2a$이 만나는 점을 A 라 하고, y축에 평행한 직선이 두 곡선 $y = \log_2 x$, $y = -\log_2 x + 2a$와 만나는 점을 각각 B, C 라 하자.

삼각형 ABC가 한 변의 길이가 $\dfrac{2^a}{\sqrt{3}}$ 인 정삼각형일 때, 4^a의 값을 구하시오.

(단, 점 B의 x좌표는 점 A의 x좌표보다 작다.) [4점]

036

기울기가 $\dfrac{3}{2}$ 인 직선 l이 곡선 $y = m \times 2^x \, (m > 0)$과 두 점 A, B에서 만난다. 직선 l이

y축과 만나는 점을 C라 하고 직선 l이 x축과 만나는 점을 D라 하자.

$\overline{\text{AC}} : \overline{\text{BC}} = 2 : 1$, $\overline{\text{AD}} = \overline{\text{BC}}$일 때, m의 값은? [4점]

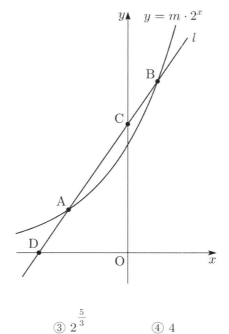

① 2   ② $2^{\frac{4}{3}}$ ③ $2^{\frac{5}{3}}$ ④ 4   ⑤ $2^{\frac{7}{3}}$

037

그림과 같이 1보다 큰 두 실수 a, k에 대하여 직선 $y=k$가 두 곡선 $y=\log_a x+k$, $y=a^{2x-2k}$와 만나는 점을 각각 A, B라 하고, 직선 $x=k$가 두 곡선 $y=\log_a x+k$, $y=a^{2x-2k}$와 만나는 두 점을 각각 C, D라 하자. $\overline{\text{AB}}\times\overline{\text{CD}}=90$이고 삼각형 BCD의 넓이가 5일 때, $a+k$의 값을 구하시오. [4점]

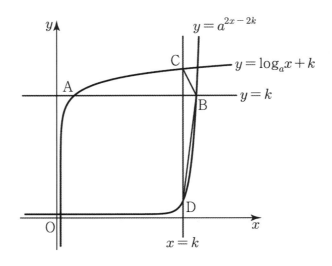

038

두 양수 a, b에 대하여 곡선 $f(x)=a^x-b$가 x축과 만나는 점을 A 라 하자. 제1사분면의 곡선 $f(x)$ 위의 점 B에 대하여 점 B의 $y=x$에 대칭인 점을 B′라 할 때, 선분 AB′의 중점이 $(1,\,1)$이다. 점 $(1,\,1)$과 직선 AB 사이의 거리가 $\dfrac{\sqrt{2}}{2}$ 일 때, $\dfrac{3b}{a^2-3}$ 의 값을 구하시오. (단, $a>1$, $0<b<1$) [4점]

039

1보다 큰 두 상수 a, b에 대하여 곡선 $y = a^x$ 위의 두 점 A, B와 곡선 $y = a^{x-b} - \dfrac{3}{2}$ 위의 두 점 C, D가 있다. 선분 AB의 중점과 선분 BC의 중점은 모두 y축 위에 있고 사각형 ABCD는 넓이가 6인 마름모일 때, $a \times b$의 값은? (단, 점 A의 x좌표는 점 B의 x좌표보다 크고, 점 C의 x좌표는 점 D의 x좌표보다 작다.) [4점]

① 1   ② 2   ③ 3   ④ 4   ⑤ 5

040

그림과 같이 함수 $f(x)=a^x\,(a>1)$에 대하여 함수 $g(x)$를

$$g(x)=-f(x-3)+6$$

이라 하자. 곡선 $y=f(x)$가 곡선 $y=g(x)$와 만나는 점을 A, y축과 만나는 점을 B라 하고, 곡선 $y=g(x)$가 y축과 만나는 점을 C라 하자. 점 A의 x좌표가 3일 때, 삼각형 ABC의 넓이는? [4점]

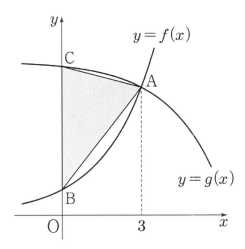

① $\dfrac{32}{5}$　　　② $\dfrac{36}{5}$　　　③ 8　　　④ $\dfrac{44}{5}$　　　⑤ $\dfrac{48}{5}$

RENDEZVOUS

Type **3**
랑 데 뷰 폴 포

삼각함수의
그래프 해석

041 두 함수 $y = \tan \dfrac{\pi x}{2}$, $y = a \cos \dfrac{\pi x}{2}$ $(a > 0)$의 그래프가 열린구간 $(0, 2)$에서 만나는

두 점을 A, B라 하자. 삼각형 OAB의 넓이가 $\dfrac{4}{3}$일 때, 상수 a의 값은?

(단, O는 원점이고 점 A는 제1사분면의 점이다.) [4점]

① 2   ② $\dfrac{20}{9}$ ③ $\dfrac{8}{3}$ ④ $\dfrac{26}{9}$ ⑤ $\dfrac{28}{9}$

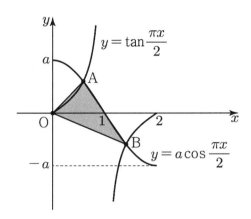

042

그림과 같이 $2 < a < 3$인 a에 대하여

$$f(x) = \left| \sin \frac{1}{2}x \right| \ (0 \le x \le 2\pi)$$

$$g(x) = - \left| \sin \left(\frac{1}{2}x - \frac{\pi}{2} \right) \right| + a \ (0 \le x \le 2\pi)$$

가 있다. 두 곡선 $y = f(x)$, $y = g(x)$와 기울기가 $-\dfrac{\sqrt{2}}{\pi}$인 직선 l이 만나는 점을 각각 A, B라 하자. 점 A를 지나고 x축과 평행한 직선이 곡선 $y = g(x)$와 만나는 점 중 A가 아닌 점을 C, 점 B를 지나고 x축과 평행한 직선이 곡선 $y = f(x)$와 만나는 점 중 B가 아닌 점을 D라 할 때, 곡선 $y = g(x)$와 직선 AC, 곡선 $y = f(x)$와 선분 DA, AC, CB로 둘러싸인 부분과 곡선 $y = f(x)$와 선분 OF, FD, 곡선 $y = f(x)$와 선분 BG, EG로 둘러싸인 부분의 넓이는? [4점]

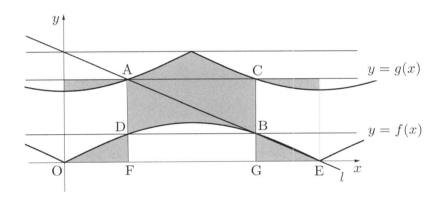

① $\dfrac{\sqrt{2}}{2}\pi$　　　② $\sqrt{2}\,\pi$　　　③ $\dfrac{3\sqrt{2}}{2}\pi$　　　④ $2\sqrt{2}\,\pi$　　　⑤ $\dfrac{5\sqrt{2}}{2}\pi$

043

다음 그림과 같이 닫힌구간 $[0, \ 2\pi]$에서 정의된 두 함수 $y = k\tan x$와 $y = \sin x$가 만나는 세 점을 x좌표의 크기 순으로 A, B, C라고 하였을 때, 점 A, C에서 y축에 내린 수선의 발 P, Q에 대하여 사다리꼴 PACQ의 넓이가 $\sqrt{3}\,\pi$일 때, 점 A의 x좌표의 값은? [4점]

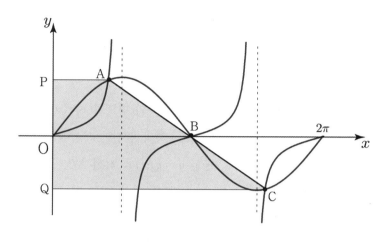

① $\dfrac{\pi}{6}$ ② $\dfrac{\pi}{4}$ ③ $\dfrac{\pi}{3}$ ④ $\dfrac{\pi}{2}$ ⑤ $\dfrac{\pi}{5}$

044 그림과 같이 닫힌구간 $[0, 4\pi]$에서 정의된 두 함수 $f(x) = \sin x$, $g(x) = k\cos x$에 대하여 두 곡선 $y = f(x)$와 $y = g(x)$가 만나는 서로 다른 네 점을 y축에 가까운 순으로 A, B, C, D라 하자. 직선 BC가 곡선 $y = g(x)$와 만나는 점을 E라 할 때, $\overline{\text{CE}} = \dfrac{3}{2}\overline{\text{AB}}$이다.

삼각형 ADE의 넓이는? [4점]

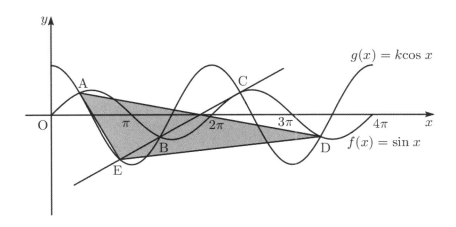

① $\dfrac{4\sqrt{5}}{5}\pi$ ② $\sqrt{5}\,\pi$ ③ $\dfrac{6\sqrt{5}}{5}\pi$ ④ $\dfrac{7\sqrt{5}}{5}\pi$ ⑤ $\dfrac{8\sqrt{5}}{5}\pi$

045

닫힌구간 $[0, 4]$에서 정의된 함수

$$f(x) = 2\sin\frac{\pi x}{2} + a \ (0 < a < 2)$$

이 있다. 곡선 $y = f(x)$와 직선 $y = a + 2$가 만나는 점을 A, 곡선 $y = f(x)$와 직선 $y = a - 2$와 만나는 점을 B, 곡선 $y = f(x)$와 x축이 만나는 점을 C라 하자. 곡선 $y = f(x)$위의 점 D를 사각형 ADBC가 평행사변형이 되도록 잡을 때, 선분 BD를 $1 : 4$로 내분하는 점은 x축 위에 있다. a의 값은? (단, B의 x좌표보다 C의 x좌표가 크다.) [4점]

① 1　　　② $\dfrac{7}{6}$　　　③ $\dfrac{4}{3}$　　　④ $\dfrac{3}{2}$　　　⑤ $\dfrac{11}{6}$

046 그림과 같이 구간 $(0,\ 2b)$에서 두 양수 a, b에 대하여 곡선 $y=a\cos\left(\dfrac{\pi}{b}x\right)$가

직선 $y=\sqrt{2}\,x$와 점 A에서 만난다. 점 A를 지나고 기울기가 $-\dfrac{\sqrt{2}}{2}$인 직선이 x축과

만나는 점을 B라 할 때, B의 x좌표는 b이고 삼각형 OAB의 넓이가 $\dfrac{3\sqrt{2}}{2}$이다. $a\times b$의

값은? [4점]

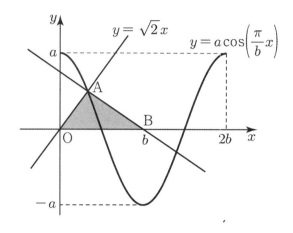

① $4\sqrt{2}$ ② $6\sqrt{2}$ ③ $8\sqrt{2}$ ④ $10\sqrt{2}$ ⑤ $12\sqrt{2}$

047 자연수 n에 대하여 곡선 $y = \sin\left(\dfrac{n\pi}{5}x\right)$ $\left(0 \le x \le \dfrac{10}{n}\right)$가 직선 $y = 1$와 만나는 서로

점을 A, 직선 $y = -1$와 만나는 서로 점을 B라 하자. 원점 O에 대하여 $\angle \mathrm{OAB} < \dfrac{\pi}{2}$가

되도록 하는 8이하의 모든 자연수 n의 값의 합은? [4점]

① 18   ② 26   ③ 30   ④ 33   ⑤ 35

048

$0 \le x < 2\pi$ 일 때, 곡선 $y = |4\cos 3x + 2|$ 와 직선 $y = 2$ 가 만나는 서로 다른 점의 개수를 k라 하고, 가장 큰 실근을 M, 가장 작은 실근을 m 이라 할 때, $\dfrac{k(M-m)}{\pi}$ 의 값은? [4점]

① 14　　　② 15　　　③ 16　　　④ 17　　　⑤ 18

049

두 상수 a, b에 대하여 $0 \leq x \leq 2\pi$일 때, 방정식

$$\sin^2 x + a\cos x + b - 1 = 0$$

의 모든 해의 합이 3π이다. $a + b$의 최댓값은? [4점]

① $\dfrac{1}{2}$ 　　② 1 　　③ $\dfrac{3}{2}$ 　　④ 2 　　⑤ $\dfrac{5}{2}$

050

$0 < x < \pi$일 때, 방정식 $3\cos^2 x + 4\sin x = k$의 서로 다른 실근의 개수가 3이다.
이 세 실근 중 가장 큰 근을 α라 할 때, $k \times \cos\alpha$의 값은? [4점]

① $-\dfrac{8\sqrt{2}}{3}$ ② $-\dfrac{4\sqrt{2}}{3}$ ③ $-\dfrac{2\sqrt{2}}{3}$ ④ $\dfrac{4\sqrt{2}}{3}$ ⑤ $\dfrac{8\sqrt{2}}{3}$

정의역이 $\{x | x \geq 0\}$인 함수 $f(x)$가 모든 자연수 n에 대하여 다음을 만족시킨다.

> $2n - 2 \leq x < 2n$일 때, $f(x) = \cos(n\pi x)$이다.

$0 \leq x \leq 8$에서 방정식 $2f(x) - \sqrt{3} = 0$의 서로 다른 실근 중 가장 작은 값을 α, 가장 큰 값을 β라 할 때, $\alpha + \beta$의 값은? [4점]

① $\dfrac{15}{2}$　　② $\dfrac{31}{4}$　　③ $\dfrac{63}{8}$　　④ 8　　⑤ $\dfrac{65}{8}$

052 직선 $y = 2$가 함수 $f(x) = |3a\cos(bx) + a|$의 그래프와 만나는 점의 x좌표 중 양수인 것을 작은 수부터 크기순으로 모두 나열할 때, n번째 수를 c_n이라 하자. c_n은 다음 조건을 만족시킬 때, $f\left(\dfrac{5}{6}\pi\right)$의 값은? (단, a와 b는 양의 상수이다.) [4점]

(가) $b \times c_k = 3\pi$인 자연수 k가 존재한다.

(나) $-c_1 - c_2 + c_5 + c_7 = 3\pi$

① $\dfrac{1}{2}$ ② $\dfrac{3}{2}$ ③ $\dfrac{5}{2}$ ④ $\dfrac{7}{2}$ ⑤ $\dfrac{9}{2}$

053

두 양수 a, b에 대하여 구간 $\left[0, \dfrac{2\pi}{b}\right]$에서 정의된 함수

$$f(x) = a\sin bx + \dfrac{a}{2}$$

가 있다,

함수 $y = f(x)$의 그래프와 $y = a$가 만나는 두 점 중에서 x좌표가 작은 점부터 차례대로 P_1, P_2라 하고 함수 $y = f(x)$의 그래프가 x축과 만나는 점 중에서 x좌표가 작은 점부터 차례대로 Q_1, Q_2라 하자. 사각형 $P_1Q_1Q_2P_2$의 넓이가 π이고 직선 P_2Q_1의 기울기가 $-\dfrac{18}{\pi}$일 때, $f\left(\dfrac{5\pi}{12}\right)$의 값을 구하시오. [4점]

054 함수 $y = \tan(\sqrt{3}\,\pi\,x)$의 그래프 위의 네 점 A, B, C, D가 다음 조건을 만족시킬 때, 사각형 ABCD의 넓이는? [4점]

> (가) 사각형 ABCD는 한 변이 x축과 평행한 마름모이다.
>
> (나) 사각형 ABCD의 한 내각의 크기는 $\dfrac{\pi}{3}$이다.
>
> (다) 네 점 A, B, C, D의 y좌표의 합은 3이다.

① $2\sqrt{3}$　　　② $\dfrac{5\sqrt{3}}{2}$　　　③ $3\sqrt{3}$　　　④ $4\sqrt{3}$　　　⑤ $\dfrac{25\sqrt{3}}{6}$

055

두 양수 a, b에 대하여 함수 $f(x) = a\sin\left(bx - \dfrac{5}{6}\pi\right)$는 다음 조건을 만족시킨다.

(가) $f(x)$는 $x = \dfrac{2}{3}\pi$에서 최댓값 2를 갖는다.

(나) $y = f(x)$의 그래프는 $x = \dfrac{11}{12}\pi$에서 x축과 만난다.

함수 $f(x)$는 $b = m$일 때 두 번째로 큰 주기 값을 갖는다. $b = m$일 때, $f(x) = 0$ 만족시키는 양수 x의 최솟값을 c라 하자. $\dfrac{a \times m \times c}{\pi}$의 값은? [4점]

① $\dfrac{4}{3}$ ② $\dfrac{13}{9}$ ③ $\dfrac{14}{9}$ ④ $\dfrac{5}{3}$ ⑤ $\dfrac{16}{9}$

056

함수 $f(x) = a \tan b\pi x + c$의 그래프가 두 점 $(2, 0)$, $(8, 0)$을 지나고 $0 \le x \le 8$에서 곡선 $y = f(x)$와 두 직선 $y = c$, x축으로 둘러싸인 부분의 넓이가 18이다. $a^2 \times b \times c$의 값은? (단, $a < 0$, $b > 0$, $c > 0$) [4점]

① $\dfrac{1}{2}$ ② 1 ③ $\dfrac{3}{2}$ ④ 2 ⑤ $\dfrac{5}{2}$

057

양수 k에 대하여 함수

$$f(x) = 2\cos\frac{2\pi x}{k}$$

와 $0 \le \alpha < \beta \le k$인 두 상수 α, β가 다음 조건을 만족시킬 때, $\dfrac{\beta}{\alpha}$의 값은? [4점]

(가) $f(\alpha) + f(\beta) = 0$, $\alpha + \beta > k$

(나) $f(\alpha) - f(\beta) = f(\alpha - \beta)$

---

① $\dfrac{5}{4}$ ② 2 ③ $\dfrac{3}{2}$ ④ $\dfrac{5}{3}$ ⑤ $\dfrac{5}{2}$

058 $-24 \leq x \leq k$에서 정의된 함수 $f(x) = 2\sin\frac{\pi}{4}x + \left|\sin\frac{\pi}{4}x\right|$ 에 대하여 두 방정식

$f(x) = \frac{3}{2}$, $f(x) = -\frac{1}{2}$의 서로 다른 모든 실근의 합을 각각 a, b라 할 때, $a + b > 0$ 이기

위한 양수 k의 최솟값은 $\frac{q}{p}$이다. $p + q$의 값을 구하시오. (단, p와 q는 서로소인

자연수이다.) [4점]

059

정의역이 $\{x \mid 0 \le x \le 8\}$인 함수 $f(x) = a\cos\left(bx + \dfrac{\pi}{4}\right)$ $(a > 0, b > 0)$가 다음 조건을 만족시킨다.

(가) 구간 $[k_1, k_2]$에서 롤의 정리를 만족시키는 실수 c가 존재한다.

　　(단, $0 \le k_1 < c < k_2 \le 8$)

(나) 함수 $f(x)$의 최댓값은 $\sqrt{3}$이고 최솟값은 -2이다.

$a \times b = \dfrac{q}{p}\pi$일 때, $p + q$의 값을 구하시오. (단, p와 q는 서로소인 자연수이다.) [4점]

060

닫힌구간 $[\pi,\,2\pi]$에서 함수 $y=\cos kx$의 최댓값과 최솟값이 각각 1, $-\dfrac{\sqrt{3}}{2}$이 되도록 하는 실수 k의 값을 작은 수부터 크기순으로 나타내면 k_1, k_2, $\cdots$, k_n이다. $60 \times (k_n - k_2)$의 값을 구하시오. [4점]

RENDEZVOUS

Type 4

사인법칙과
코사인법칙의 적용

061

원에 내접하는 사각형 ABCD가 다음 조건을 만족시킨다.

> (가) $\overline{AB} = \overline{CD} = 2$
>
> (나) $\overline{AD} \times \overline{BC} = 21$
>
> (다) $\triangle BCD = \dfrac{3}{2}\sqrt{11}$

삼각형 $\triangle ABC$의 외접원의 넓이가 $\dfrac{q}{p}\pi$일 때, $p+q$의 값을 구하시오.

(단, p와 q는 서로소인 자연수이다.) (단, $\overline{AD} < \overline{BC}$, $0 < \angle BDC < \dfrac{\pi}{2}$) [4점]

062

그림과 같이 한 원 위에 있는 네 점 A, B, C, D가 다음 조건을 만족시킨다.

(가) $\overline{AB} = \overline{BC} = \overline{AD} = 5 \times \overline{CD}$

(나) 삼각형 ABC의 넓이는 $\dfrac{5\sqrt{21}}{2}$ 이다.

사각형 ABCD의 두 대각선의 교점을 E라 할 때, 선분 AE의 길이는? [4점]

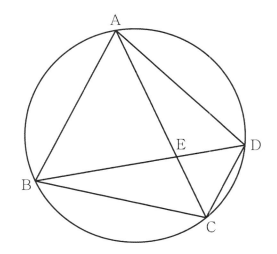

① $\dfrac{3\sqrt{30}}{4}$ ② $\dfrac{4\sqrt{30}}{5}$ ③ $\dfrac{5\sqrt{30}}{6}$ ④ $\dfrac{6\sqrt{30}}{7}$ ⑤ $\dfrac{7\sqrt{30}}{8}$

063 점 A에서의 접선이 원과 만나는 두 접점을 각각 B, C라 하고 ∠ABC = ∠EBC인 원 위의 점을 E라 하자. 점 E를 지나고 선분 BC와 평행하면서 선분 AB의 연장선과 만나는 점을 D라 할 때, 다음 조건을 만족시킨다.

(가) 세 삼각형 BDE, BEC, BCA의 외접원을 각각 O_1, O_2, O_3라 하면 세 원의 반지름의 길이는 이 순서대로 등비수열을 이룬다.

(나) $\sin(\angle DBC) = \dfrac{\sqrt{13}}{4}$, $\overline{BE} = 3$

$\overline{AE}^2$의 값은? [4점]

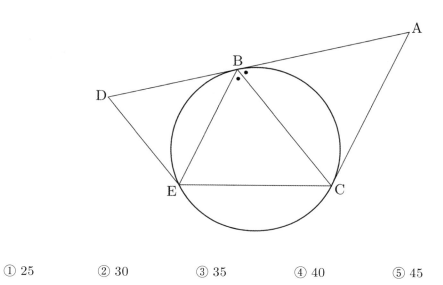

① 25　　　　② 30　　　　③ 35　　　　④ 40　　　　⑤ 45

064 그림과 같이 반지름의 길이가 2인 원에 내접하고 $\overline{BC} = 2\sqrt{3}$ 인 삼각형 ABC가 있다.

점 B를 지나지 않는 호 AC 위의 점 D에 대하여 선분 AC와 선분 BD의 교점을 E라 하자.

삼각형 BCE의 넓이는 삼각형 ADE의 넓이의 3배이고 삼각형 ABE의 넓이는 $\dfrac{\sqrt{3}}{2}$ 일 때,

사각형 ABCD의 넓이는? [4점]

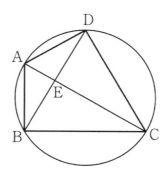

① $4\sqrt{3}$ ② $\dfrac{9}{2}\sqrt{3}$ ③ $5\sqrt{3}$ ④ $\dfrac{11}{2}\sqrt{3}$ ⑤ $6\sqrt{3}$

065 그림과 같이 반지름의 길이가 1인 원에 내접하는 사각형 ABCD가 있다.

사각형 ABCD의 외접원의 중심과 직선 AB까지의 거리가 $\dfrac{\sqrt{3}}{2}$이고

$\sin(\angle \mathrm{BAC}) : \sin(\angle \mathrm{CAD}) : \sin(\angle \mathrm{ABC}) = 1 : 1 : \sqrt{3}$이다. 원 위의 점 P에 대하여

삼각형 PAD의 넓이의 최댓값은? [4점]

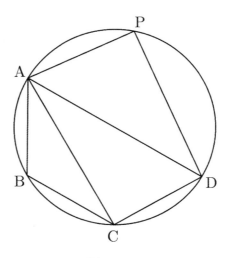

① $\dfrac{\sqrt{3}}{2}$ ② 1 ③ $\dfrac{\sqrt{5}}{2}$ ④ $\sqrt{2}$ ⑤ $\sqrt{3}$

066

그림과 같이 $\overline{AC}=3$인 삼각형 ABC의 외접원의 반지름의 길이가 3이다. 선분 AC를 지름으로 하는 원이 선분 BC와 만나는 점 중 C가 아닌 점을 P라 하고 $\overline{AP}=\overline{AQ}$인 점 Q를 선분 AC를 지름으로 하는 원 위에 잡을 때, 선분 BQ의 길이는? [4점]

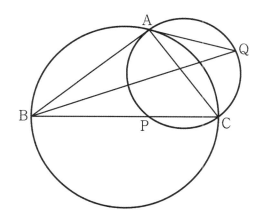

① $\dfrac{3\sqrt{21}}{2}$ ② $\sqrt{21}$ ③ $\dfrac{5\sqrt{21}}{2}$ ④ $4\sqrt{6}$ ⑤ $3\sqrt{6}$

067 그림과 같이 선분 AB를 지름으로 하는 원 위의 네 점 A, B, C, D가 다음 조건을 만족시킬 때, 삼각형 BCD의 넓이는? [4점]

(가) $\overline{AC} = 5$, $\sin(\angle BAC) = \dfrac{12}{13}$

(나) $\overline{CD} + \overline{BD} = 14$

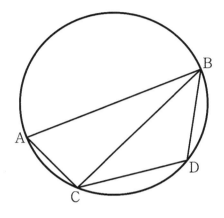

① 19   ② $\dfrac{39}{2}$ ③ 20   ④ $\dfrac{41}{2}$ ⑤ 21

068 그림과 같이 반지름의 길이가 5인 두 원 C_1, C_2가 만나는 두 점을 A, B라 하고 점 B를 지나는 직선이 두 원 C_1, C_2와 만나는 점을 각각 C, D라 하자. $\overline{AB} = 8$, $\overline{BC} : \overline{CD} = 1 : 2$일 때 삼각형 ABC의 넓이는? [4점]

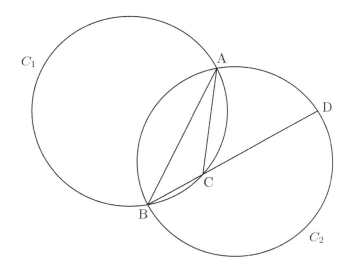

① $\dfrac{80}{13}$ ② $\dfrac{84}{13}$ ③ $\dfrac{88}{13}$ ④ $\dfrac{92}{13}$ ⑤ $\dfrac{96}{13}$

069 그림과 같이 $\overline{AB}=3$, $\overline{AD}=\overline{CD}=4$, $\angle BCD=\dfrac{\pi}{3}$ 인 사각형 ABCD가 한 원에 내접한다.

점 A를 포함하지 않는 호 BC 위의 점 E에 대하여 두 선분 AE, BC가 점 F에서 만나고
두 선분 AE, BD가 점 G에서 만난다. $\overline{BE}=\overline{DE}$일 때, 선분 FG의 길이는? [4점]

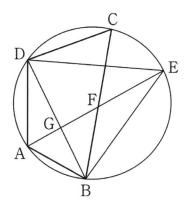

① $\dfrac{148}{77}$ ② $\dfrac{150}{77}$ ③ $\dfrac{152}{77}$ ④ 2   ⑤ $\dfrac{156}{77}$

070 그림과 같이 예각삼각형 ABC이 있다. 점 A에서 선분 BC에 내린 수선의 발을 D라 하고 점 B에서 선분 AC에 내린 수선의 발을 E라 할 때, 두 직선 AD와 BE가 만나는 점을 F라 하자. 삼각형 BDF의 외접원과 삼각형 AEF의 외접원이 만나는 점 중 F가 아닌 점을 G라 하자. $\overline{AF}=2$, $\overline{BF}=4$, $\overline{FG}=\dfrac{2\sqrt{21}}{7}$ 일 때, 삼각형 CDE의 외접원의 넓이는? [4점]

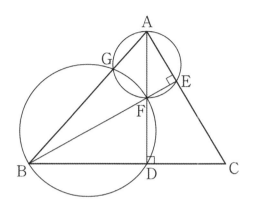

① 2π ② $\dfrac{13}{6}\pi$ ③ $\dfrac{7}{3}\pi$ ④ $\dfrac{5}{2}\pi$ ⑤ $\dfrac{8}{3}\pi$

071 그림과 같이 중심이 O이고 반지름의 길이가 7인 부채꼴 AOB가 있다. 선분 AO를 10 : 3으로 외분하는 점 C를 지나고 직선 AO에 수직인 직선이 선분 OB와 만나는 점을 D라 할 때,

$$\sin(\angle CBD) = 2\sin(\angle BCD)$$

이다. 삼각형 BCD의 넓이는? [4점]

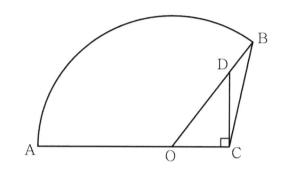

① 2   ② $\dfrac{12}{5}$ ③ $\dfrac{14}{5}$ ④ $\dfrac{16}{5}$ ⑤ $\dfrac{18}{5}$

072

그림과 같이 $\angle A = \angle B$인 사각형 ABCD에 외접하는 원 O_1과 직선 AD 위의 점 E에 대하여 삼각형 CDE의 외접원 O_2가 있다. $\angle BAD = \dfrac{\pi}{3}$이고 두 원 O_1, O_2의 넓이가 각각 3π, 2π일 때, 삼각형 CAD의 넓이는? (단, $\overline{AD} < \overline{DE}$) [4점]

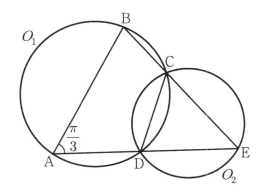

① $\dfrac{18 - 3\sqrt{14}}{8}$

② $\dfrac{16 - 3\sqrt{14}}{8}$

③ $\dfrac{18 - 3\sqrt{3}}{8}$

④ $\dfrac{9 - 3\sqrt{3}}{4}$

⑤ $\dfrac{10 - 3\sqrt{3}}{4}$

073 그림과 같이 $\overline{AB} = \overline{AC} = 3$, $\overline{BC} = 2$인 이등변삼각형 ABC가 있다. 선분 BC를 $3:1$로 외분하는 점을 D, 점 D를 지나고 직선 BD에 수직인 직선이 점 C를 지나고 각 ACD를 이등분하는 직선과 만나는 점을 E라 하고 점 E에서 선분 AC에 내린 수선의 발을 F라 하자. 선분 DF를 한 변으로 하고 $\angle ABC = \angle DGF$인 임의의 점 G에 대하여 삼각형 DGF의 넓이의 최댓값은? [4점]

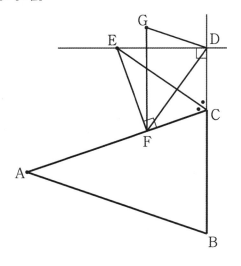

① $\dfrac{\sqrt{3}}{6}$ ② $\dfrac{\sqrt{3}}{3}$ ③ $\dfrac{2\sqrt{2}}{3}$ ④ $\sqrt{2}$ ⑤ $\dfrac{4\sqrt{2}}{3}$

074

그림과 같이 두 점 O_1, O_2를 중심으로 하고 각각 O_2, O_1을 지나는 원 C_1, C_2에 대해 점 O_2를 지나는 직선이 원 C_1, C_2와 만나는 점을 각각 A, C이고 직선 AO_1이 원 C_1과 만나는 점 중 A가 아닌 점을 B라 하자. 점 B를 지나고 직선 O_1O_2와 평행한 직선이 원 C_2와 만나는 두 점 중 점 B로부터 더 먼 점을 D라 하자. $\overline{BD} : \overline{CD} = \sqrt{2} : 1$일 때 $\cos^2(\angle BCD) = \dfrac{q}{p}$이다. $p+q$의 값은? (단, p와 q는 서로소인 자연수이다.) [4점]

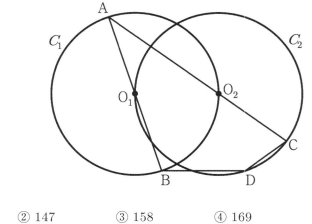

① 136 　　② 147 　　③ 158 　　④ 169 　　⑤ 180

075

좌표평면 위의 제3사분면 위의 점 $A\left(-\dfrac{1}{\sqrt{2}},\ -\dfrac{1}{\sqrt{2}}\right)$ 를 지나고 기울기가 m

$(0 < m < 1)$인 직선이 x축과 만나는 점을 점 B라 할 때, $\overline{AB}=5$ 다. $\angle OAB = \theta$ 라 할

때, $\dfrac{20}{m\cos\theta}$ 의 값을 구하시오. (단, O는 원점이다.) [4점]

076 $\overline{AB}=3$, $\overline{BC}=4$, $\overline{CA}=6$ 인 삼각형 ABC 에서 변 AC 위의 점 D 를 $\overline{AD}=2$ 가 되도록 잡는다. 두 삼각형 ABD, BCD 의 외접원의 넓이를 각각 S_1, S_2 라 할 때, $18 \times \dfrac{S_2}{S_1}$ 의 값을 구하시오. [4점]

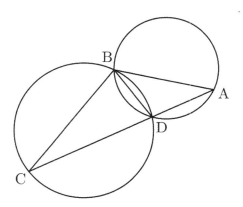

반지름의 길이가 R 인 원에 내접하는 삼각형 ABC에 대하여

$$\sin B + \sin C = \left(R\sin A - \frac{1}{2}\right)\sin A \quad ,$$

$$\sin B - \sin C = \frac{1}{2}\sin A + \frac{3}{4R}$$

이 성립할 때, 삼각형 ABC의 내각 중 가장 큰 각의 크기를 구한 것은? [4점]

① $\dfrac{\pi}{2}$ ② $\dfrac{3\pi}{4}$ ③ $\dfrac{2}{3}\pi$ ④ $\dfrac{5}{6}\pi$ ⑤ $\dfrac{7\pi}{8}$

078 그림과 같이 $\overline{AB} = \overline{BC} = \overline{CD}$ 이고, $\angle A = \dfrac{\pi}{3}$ 인 등변사다리꼴 ABCD의 내부의 점 P에 대하여 $\angle ABP = \angle CBP$, $\overline{BP} = 1$, $\overline{CP} = \sqrt{7}$ 이다. 직선 CP와 선분 AB가 만나는 점을 Q라 할 때, 삼각형 BPQ의 외접원의 넓이는? [4점]

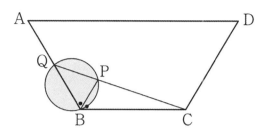

① $\dfrac{5}{12}\pi$ ② $\dfrac{\pi}{2}$ ③ $\dfrac{7}{12}\pi$ ④ $\dfrac{2}{3}\pi$ ⑤ $\dfrac{3}{4}\pi$

079 그림과 같이 중심이 O인 원 위의 세 점 A, B, C가 있다. 점 B를 지나고 원에 접하는 직선과 직선 AC가 만나는 점을 D라 할 때, $\overline{BC} = \overline{CD} = 3$이고 $\overline{BD} = \sqrt{21}$ 이다. 선분 AC의 중점을 M이라 할 때, 선분 OM의 길이는? [4점]

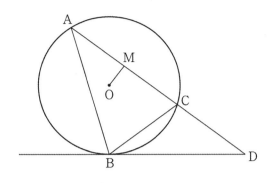

① $\dfrac{\sqrt{35}}{5}$ ② $\dfrac{6}{5}$ ③ $\dfrac{\sqrt{37}}{5}$ ④ $\dfrac{\sqrt{38}}{5}$ ⑤ $\dfrac{\sqrt{39}}{5}$

080

세 변의 길이가 자연수인 삼각형 ABC가 있다. 다음 조건을 만족시키는 가장 작은 삼각형의 외접원의 넓이가 $\dfrac{q}{p}\pi$ 일 때, $p+q$의 값을 구하시오. (단, $0 < \angle C < \dfrac{\pi}{2}$이고 p와 q는 서로소인 자연수이다.) [4점]

(가) $\overline{BC}\cos B + \overline{AC}\cos(B+C) = 0$

(나) $\sin C = \dfrac{\sqrt{15}}{8}$

RENDEZVOUS

Type 5
랑 데 뷰 폴 포

등차수열과
등비수열

081

세 수 $a+b+c$, $ab+bc+ca$, abc 가 이 순서대로 등차수열을 이루도록 하는 자연수 a, b, c 에 대하여 서로 다른 c 의 합을 구하시오. (단, $a \leq b \leq c$) [4점]

082 모든 항이 양수인 수열 $\{a_n\}$의 첫째항부터 제n항까지의 합을 S_n이라 하자. 모든 자연수 n에 대하여

$$S_1 \times S_2 \times S_3 \times \cdots \times S_n = 6S_{n+1}$$

이 성립하고 $a_4 = 2$일 때, $\log_2(S_8)$의 값을 구하시오. [4점]

083 공차가 양수인 등차수열 $\{a_n\}$과 5이상의 자연수 k에 대하여 두 집합 A, B를

$$A = \{a_1,\ a_2,\ a_3,\ a_4,\ a_k\},\ B = \{a_1,\ a_3,\ a_5\}$$

라 하자. 집합 $C = \{x+y \mid x \in A,\ y \in B\}$ 라 할 때, $n(C) = 10$ 이 되도록 하는 a_k의 최솟값은 7이고 최댓값은 10이다. $a_1 + a_{10}$의 값은? [4점]

① 1   ② 2   ③ 3   ④ 4   ⑤ 5

084

첫째항이 72인 등차수열 $\{a_n\}$과 공차가 6인 등차수열 $\{b_n\}$이 다음 조건을 만족시킨다.

(가) 모든 자연수 n에 대하여 $a_n b_n \leq 0$이다.

(나) $a_9 b_{10} \geq 0$, $a_{10} b_9 \geq 0$

$a_2 - b_2$의 최솟값을 구하시오. [4점]

085 첫째항이 정수인 등차수열 $\{a_n\}$의 첫째항부터 제 n항까지의 합을 S_n이라 하자. $S_p = a_p$를 만족시키는 모든 자연수 p의 최댓값과 최솟값의 합을 α라 하고 $S_q \leq q$을 만족시키는 모든 자연수 q의 개수를 β라 하자. $\alpha = \beta = 19$일 때, 가능한 모든 a_1의 값의 합은? [4점]

① -45 ② -39 ③ -33 ④ -27 ⑤ -21

086

모든 항이 자연수인 등차수열 $\{a_n\}$의 첫째항부터 제n항까지의 합을 S_n이라 하자.

a_6이 11의 배수이고 $\displaystyle\sum_{k=1}^{6} S_k = 322$일 때, $a_1 + a_5$의 값을 구하시오. [4점]

087 모든 항이 양수인 등비수열 $\{a_n\}$에 대하여 x에 대한 이차방정식

$a_2 x^2 - (a_3 + 36)x + 16a_4 = 0$이 서로 다른 두 실근 a_3, a_5를 갖도록 하는 모든 a_1의 곱은?

[4점]

① 8   ② 12   ③ 16   ④ 20   ⑤ 24

088 모든 항이 양수이고 공비가 1보다 큰 등비수열 $\{a_n\}$과 수열 $\{b_n\}$이 다음 조건을 만족시킨다.

> (가) 모든 자연수 n에 대하여 $\displaystyle\sum_{k=1}^{3n} \log_2 a_k = pn^2$이다. ($p$는 상수이다.)
>
> (나) $b_1 = -\log_2 a_1$이고, 모든 자연수 n에 대하여
> $$b_{n+1} = (-1)^n b_n + (-1)^{n+1}\log_2 a_{n+1}$$
> 이다.

$b_4 = 2$일 때 $p + b_{21}$ 값을 구하시오. [4점]

089

수열 $\{a_n\}$은 첫째항과 공비가 모두 $\dfrac{1}{3}$인 등비수열이다. 두 수 $8^{6-\frac{k}{2}}$, $\dfrac{18}{a_n k}$이 모두

자연수가 되도록 하는 모든 양수 k에 대하여 $\dfrac{18}{a_n k}$의 모든 값의 합은 $l \times 3^n$이다. l의 값은?

[4점]

① 37   ② 39   ③ 41   ④ 43   ⑤ 45

첫째항이 정수인 등차수열 $\{a_n\}$에 대하여 수열 $\{b_n\}$이 다음 조건을 만족시킨다.

(가) 모든 자연수 n에 대하여 $b_n = \sum_{k=1}^{n} (-1)^{k+1} a_k$이다.

(나) $b_{10} = -4$

(다) $b_n > 0$인 자연수 n의 최솟값은 19이다.

a_{31}의 값을 구하시오. [4점]

091 첫째항이 정수이고 공차가 자연수인 등차수열 $\{a_n\}$에 대하여 수열 $\{b_n\}$을

$$b_n = \left| a_n + a_{n+1} + a_{n+2} \right|$$

이라 하자. 수열 $\{b_n\}$이 다음 조건을 만족시킬 때, 모든 a_1의 값의 합은? [4점]

(가) 수열 $\{b_n\}$은 $n=20$일 때만 최솟값을 가진다.

(나) $b_{18} + b_{22} = 48$

---

① -240 ② -237 ③ -234 ④ -231 ⑤ -228

092

첫째항이 1이고 공비가 -2인 등비수열 $\{a_n\}$에 대하여 $b_n = \dfrac{1}{4}(a_{n+1} - a_n)$라 하고, 수열 $\{b_n\}$의 첫째항부터 제n항까지의 합을 S_n이라 하자.

$$(S_n)^2 + 30S_n - 99 \leq 0$$

을 만족시키는 모든 자연수 n의 값의 합은? [4점]

① 6   ② 10   ③ 14   ④ 18   ⑤ 22

093

$0 < m < 4$, $n > 0$인 두 상수 m, n에 대하여 그림과 같이 세 함수 $y = \sqrt{x}$, $y = \sqrt{m(x-2)}$, $y = \sqrt{4(x-3)}$ 의 그래프와 직선 $y = n$이 만나는 점을 각각 A, B, C라 하고 직선 $y = n$과 y축이 만나는 점을 Q라고 할 때, $\overline{QA} - 3$, $\overline{QB}$, $\overline{QC}$는 이 순서대로 등차수열을 이룬다. $m + n$의 값은? [4점]

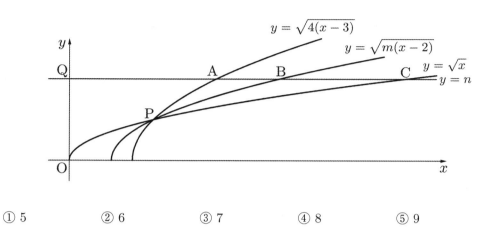

① 5   ② 6   ③ 7   ④ 8   ⑤ 9

094

$a_{10} = 10$인 등차수열 $\{a_n\}$과 수열 $\{b_n\}$에 대하여

$$\sum_{k=1}^{19} a_k (b_{20-k} + b_k) = 200$$

일 때, $\displaystyle\sum_{k=1}^{19} b_k$의 값은? [4점]

① 9   ② 10   ③ 11   ④ 12   ⑤ 13

095 수열 $\{a_n\}$의 첫째항부터 제n항까지의 합을 S_n, 수열 $\left\{\dfrac{1}{a_n}\right\}$의 첫째항부터 제$n$항까지의 합을 T_n이라 하자. 모든 자연수 n에 대하여, $\dfrac{a_{n+1}}{a_n}=2$, $\dfrac{S_n}{a_n}=\dfrac{T_n}{4}$ 을 만족시킬 때, a_{10}의 값은? [4점]

① 2^7 ② 2^8 ③ 2^9 ④ 2^{10} ⑤ 2^{11}

096

공차가 $d\ (d>1)$인 등차수열 $\{a_n\}$이 다음 조건을 만족시킨다.

(가) $-d < a_1 < d$

(나) $\displaystyle\sum_{n=1}^{4} |a_n - 2d| + 1 = 2|a_1| + |a_3| + |a_5|$

$a_{10} = \dfrac{81}{2}$ 일 때, a_1의 값은? [4점]

① $-\dfrac{9}{2}$ ② $-\dfrac{7}{2}$ ③ $-\dfrac{5}{2}$ ④ $-\dfrac{3}{2}$ ⑤ $-\dfrac{1}{2}$

097

등차수열 $\{a_n\}$의 첫째항부터 제n 항까지의 합을 S_n 이라 하자. 모든 자연수 n에 대하여 $a_{2n-1} + a_{2n+1} + \cdots + a_{2n+5} = |12n - 36|$ 이 성립한다. S_n 의 최댓값이 존재할 때, 수열 $\{a_n\}$에서 정수가 되는 항들을 작은 수부터 차례로 b_1, b_2, b_3, $\cdots$, 라 할 때, $\left(\displaystyle\sum_{n=1}^{8} b_n\right)^2$ 의 값을 구하시오. [4점]

098

$a_2 = 2$이고 공비가 $r(r < 0)$인 등비수열 $\{a_n\}$에 대하여 수열 $\{b_n\}$을 $b_n = a_n a_{n+1} a_{n+2}(n \geq 1)$이라 하고, 두 집합 A, B를

$$A = \{a_1,\ a_2,\ a_3,\ a_4,\ a_5\},\ B = \{b_1,\ b_2,\ b_3,\ b_4,\ b_5\}$$

라 하자. $n(A \cap B) = 2$가 되도록 하는 모든 수열 $\{a_n\}$에 대하여 $r^n = \dfrac{1}{4}$을 만족하는 모든 n의 값의 합은? [4점]

① 14   ② 16   ③ 18   ④ 20   ⑤ 22

099

$a_2 = 6$이고 공차가 0이 아닌 정수인 등차수열 $\{a_n\}$에 대하여 수열 $\{b_n\}$을

$b_n = \dfrac{3}{2}a_n + \dfrac{1}{2}a_{n+1}$ $(n \geq 1)$이라 하자. 7이하의 두 자연수 p와 q에 대하여 $a_p = b_q$을

만족시키는 순서쌍 (p, q)의 개수가 4가 되도록 하는 모든 수열 $\{b_n\}$에 대하여 b_{10}의 값의

합은? [4점]

① 156　　　② 160　　　③ 164　　　④ 168　　　⑤ 172

100

등차수열 $\{a_n\}$은 자연수 m에 대하여 다음 조건을 만족시킨다.

> (가) 등차수열 $\{a_n\}$는 모든 항이 정수이고 공차는 -5 이다.
>
> (나) $\displaystyle\sum_{k=1}^{2m} a_k < 0$ 이고 $\displaystyle\sum_{k=1}^{2m-1} a_k > 0$ 이다.
>
> (다) $|a_m| + |a_{m+1}| + |a_{m+2}| < 14$

$5 < a_{19} < 15$일 때, 모든 m의 값들의 합은? [4점]

① 20   ② 21   ③ 41   ④ 63   ⑤ 81

RENDEZVOUS

Type **6**

랑 데 뷰 폴 포

수열의 추론

101

수열 $\{a_n\}$이 모든 자연수 n에 대하여

$$||a_{n+1}| - |a_n|| = 6n$$

을 만족시킨다. $a_5 = 24$일 때, 가능한 a_1의 개수는? [4점]

① 7　　　　　② 9　　　　　③ 11　　　　④ 13　　　　⑤ 15

102

수열 $\{a_n\}$이 모든 자연수 n에 대하여

$$a_n = \begin{cases} 2^n & (n\text{이 홀수인 경우}) \\ 4^n & (n\text{이 짝수인 경우}) \end{cases}$$

이다. $a_{m+n} = a_m a_n$을 만족시키는 n이하의 모든 자연수 m의 개수를 b_n이라 할 때,

$\displaystyle\sum_{n=1}^{50} b_n$의 값은? [4점]

① 225   ② 250   ③ 275   ④ 300   ⑤ 325

103 수열 $\{a_n\}$ 은 $a_1 < 2$ 이고 모든 자연수 n 에 대하여

$$a_{n+1} = \begin{cases} 4^{a_n} & (a_n \le 0) \\ \log_2 a_n & (a_n > 0) \end{cases}$$

를 만족시킨다. $a_7 = -16$ 일 때, 가능한 a_1 의 값들의 곱은 k 다. $\log_2 |k| = \dfrac{p}{q}$ 일 때, $p+q$ 의 값은? (단, p 와 q 는 서로소인 자연수) [4점]

① 32   ② 33   ③ 34   ④ 35   ⑤ 36

104

모든 항이 자연수인 수열 $\{a_n\}$이 모든 자연수 n에 대하여

$$a_{n+1} = \begin{cases} 12a_n & (a_n \text{이 홀수}) \\ \dfrac{1}{4}a_n - 2 & (a_n \text{이 짝수}) \end{cases}$$

를 만족시킨다. $a_3 = 1$일 때, $\displaystyle\sum_{n=1}^{20} a_n$의 최댓값은? [4점]

① 175   ② 180   ③ 185   ④ 190   ⑤ 195

105 첫째항이 자연수인 수열 $\{a_n\}$이 모든 자연수 n에 대하여

$$a_{n+1} = \begin{cases} na_1 & (a_n < 0) \\ a_n - 3 & (a_n \geq 0) \end{cases}$$

을 만족시킨다. $a_8 < 0$일 때, 가능한 모든 a_1의 값의 합을 구하시오. [4점]

106

모든 항이 정수인 수열 $\{a_n\}$이 모든 자연수 n에 대하여

$$a_{n+1} = \begin{cases} 2^{a_n+1} & \left(a_n = 2k-1, \ k\text{는 정수}\right) \\[2mm] \dfrac{1}{2}a_n + 2 & \left(a_n = 2k, \ k\text{는 정수}\right) \end{cases}$$

을 만족시킬 때, $a_5 + a_6 = 5$이 되도록 하는 모든 a_1의 값의 합은? [4점]

① -80 ② -88 ③ -96 ④ -102 ⑤ -108

107

a_1이 자연수이고 공차가 6인 등차수열 $\{a_n\}$과 b_1이 $20 \leq b_1 \leq 29$인 자연수인 수열 $\{b_n\}$이 있다. 모든 자연수 n에 대하여

$$b_{n+1} = \begin{cases} 2b_n - a_n & (b_n \text{이 } 3\text{배수일 때}) \\ b_n - 2a_{n+1} & (b_n \text{이 } 3\text{배수가 아닐 때}) \end{cases}$$

을 만족시킨다. $b_1 + b_3 = 36$이 성립할 때, 가능한 a_1의 값의 합은? [4점]

① 29   ② 31   ③ 33   ④ 35   ⑤ 37

108

수열 $\{a_n\}$이 다음 조건을 만족시킬 때, a_1의 값이 될 수 있는 정수의 개수는? [4점]

(가) $|a_1| < 81$, $a_1 \neq 0$

(나) 모든 자연수 n에 대하여

$$a_{n+1} = \begin{cases} |a_n| - 10 & (|a_n| < 9) \\ \dfrac{1}{3} a_n & (|a_n| \geq 9) \end{cases}$$

이다.

(다) $\displaystyle\sum_{n=1}^{7} a_n$의 값은 정수이다.

① 32   ② 40   ③ 48   ④ 53   ⑤ 64

109 수열 $\{a_n\}$은 모든 자연수 n에 대하여 다음 조건을 만족시킨다.

(가) $a_{3n-1} = 4a_n - 5$

(나) $a_{3n} = 4a_n$

(다) $a_{3n+1} = -3a_n + 2$

$\displaystyle\sum_{k=1}^{10} 2^{k-1} a_k = 436$일 때, a_{11}의 값을 구하시오. [4점]

110

수열 $\{a_n\}$ 이 모든 자연수 n 에 대하여

$$a_{n+1} = \begin{cases} -a_n + 2 & (a_n \leq 0) \\ a_n - 1 & (a_n > 0) \end{cases}$$

을 만족시킨다. $a_4 + a_5 = 3$ 이 되도록 하는 모든 a_1 의 값의 합은? [4점]

① 5 ② 6 ③ 7 ④ 8 ⑤ 9

111 첫째항이 2이고 수열 $\{a_n\}$이 모든 자연수 n에 대하여

$$a_{n+1} = \begin{cases} 2a_n & (n \neq 4\text{의 배수}) \\ a_n - 13 & (n = 4\text{의 배수}) \end{cases}$$

를 만족시킬 때, $\displaystyle\sum_{n=1}^{14} a_n$의 값은? [4점]

① 450   ② 460   ③ 465   ④ 470   ⑤ 475

112

다음 조건을 만족시키는 모든 수열 $\{a_n\}$에 대하여 모든 a_1의 합은? [4점]

(가) 모든 자연수 n에 대하여

$$a_{n+1} = \begin{cases} 2^{a_n} & (a_n \leq 0) \\ -a_n + 3 & (0 < a_n < 1) \\ a_n - 2 & (a_n \geq 1) \end{cases}$$

이다.

(나) $a_5 + a_6 = 0$

① 13　　　　② 14　　　　③ 15　　　　④ 16　　　　⑤ 18

113

다음 조건을 만족시키는 모든 수열 $\{a_n\}$에 대하여 $\displaystyle\sum_{n=1}^{12} a_n$의 최댓값을 M, 최솟값을 m이라 하자. $M-m$의 값은? [4점]

> (가) $a_7 < 0$
>
> (나) 모든 자연수 n에 대하여 $|a_n| = 2n+1$ 이다.
>
> (다) $a_n + a_{n+2} < 2a_{n+1}$을 만족시키는 자연수 n의 값은 $3, 5$뿐이다.

① 10   ② 15   ③ 20   ④ 25   ⑤ 30

114

첫째항이 자연수인 수열 $\{a_n\}$이 모든 자연수 n에 대하여 다음 조건을 만족시킨다.

(가) $a_{n+1} = \begin{cases} a_n + 6 \ (a_n < 0) \\ a_n - 1 \ (a_n \geq 0) \end{cases}$

(나) $a_4 + a_{35} = 12$

a_{60}의 값은? [4점]

① 5   ② 4   ③ 3   ④ 2   ⑤ 1

115

수열 $\{a_n\}$이 모든 자연수 n에 대하여

$$(a_{n+1} - a_n + 2)(a_{n+1} + a_n - 6) = 0$$

을 만족시킨다. 모든 a_n의 값이 자연수이고, $a_4 = a_7$일 때, 가능한 a_1의 최댓값과 최솟값의 합은? [4점]

① 9   ② 10   ③ 11   ④ 12   ⑤ 13

116

수열 $\{a_n\}$은 $a_1 > 0$, $a_4 + a_5 = 0$이고, 모든 자연수 n에 대하여 $a_{n+2} = a_{n+1} - a_n$을 만족시킨다. 수열 $\{a_n\}$의 첫째항부터 제n항까지의 합을 S_n이라 할 때, $S_n < 0$을 만족시키는 300 이하의 자연수 n의 개수는? [4점]

① 25   ② 50   ③ 100   ④ 150   ⑤ 200

117

수열 $\{a_n\}$이 다음 조건을 만족시킨다.

(가) $a_3 + a_4 = 0$

(나) 모든 자연수 n에 대하여
$$a_{n+2} = \begin{cases} -a_{n+1} & (a_n \le a_{n+1}) \\ a_{n+1} - 2a_n & (a_n > a_{n+1}) \end{cases}$$
이다.

$\displaystyle\sum_{k=1}^{9} a_k = -18$ 이 되도록 하는 a_3의 최댓값과 최솟값의 합은? [4점]

① $-\dfrac{3}{2}$ ② -1 ③ 0 ④ 1 ⑤ $\dfrac{3}{2}$

118

첫째항이 -2인 수열 $\{a_n\}$이 모든 자연수 n에 대하여 다음 조건을 만족시킨다.

(가) $a_{2n} = |a_n| - n$

(나) $a_{2n+1} = \begin{cases} a_n + n & (n\text{이 홀수인 경우}) \\ a_n & (n\text{이 짝수인 경우}) \end{cases}$

a_{51}의 값은? [4점]

① 20   ② 21   ③ 22   ④ 23   ⑤ 24

119

수열 $\{a_n\}$이 모든 자연수 n에 대하여

$$a_{n+1} = \begin{cases} -\dfrac{1}{2}a_n & (n\text{이 } 3\text{의 배수가 아닌 경우}) \\[2mm] 2a_n & (n\text{이 } 3\text{의 배수인 경우}) \end{cases}$$

를 만족시킨다. $a_{12} = \dfrac{1}{2}$일 때, $a_1 + a_{11}$의 값은? [4점]

① 8   ② 9   ③ 15   ④ 16   ⑤ 31

120

공차가 자연수인 등차수열 $\{a_n\}$과 자연수 m에 대하여

$$b_n = \sum_{k=1}^{n} |a_k - m|$$

인 수열 $\{b_n\}$이 다음 조건을 만족시킨다.

$b_i + b_j = 2m$인 서로 다른 두 자연수 i, j에 대하여 $b_i \times b_j$의 최댓값은 m^2, 두 번째로 큰 값은 $m^2 - 4$이다.

〈보기〉의 각 명제에 대하여 다음 규칙에 따라 A, B, C의 값을 정할 때 A + B + C의 값을 구하시오. (단, A + B + C ≠ 0 이다.) [4점]

- 명제 ㄱ 이 참이면 A = 100, 거짓이면 A = 0 이다.
- 명제 ㄴ 이 참이면 B = 10, 거짓이면 B = 0 이다.
- 명제 ㄷ 이 참이면 C = 1, 거짓이면 C = 0 이다.

| 보 기 |

ㄱ. $b_i = b_j = m$인 서로 다른 두 자연수 i, j가 존재한다.

ㄴ. $a_2 - a_1 = 2$이다.

ㄷ. $a_m = 50$일 때, $a_2 = 16$이다.

RENDEZVOUS

정답 및 해설

랑 데 뷰 폴 포

빠른 정답

Type 1. 거듭제곱근의 성질

1	⑤	2	④	3	11	4	③	5	22
6	24	7	③	8	②	9	③	10	13
11	④	12	④	13	②	14	②	15	⑤
16	256	17	28	18	722	19	49	20	75

Type 4. 사인법칙과 코사인법칙의 적용

61	86	62	③	63	④	64	①	65	②
66	①	67	②	68	⑤	69	①	70	③
71	②	72	④	73	③	74	④	75	175
76	32	77	③	78	③	79	①	80	31

Type 2. 지수함수와 로그함수의 그래프 해석

21	16	22	①	23	④	24	①	25	④
26	18	27	126	28	①	29	②	30	③
31	④	32	③	33	③	34	①	35	12
36	②	37	12	38	3	39	④	40	②

Type 5. 등차수열과 등비수열

81	67	82	32	83	⑤	84	105	85	⑤
86	32	87	③	88	2	89	②	90	17
91	①	92	④	93	②	94	②	95	①
96	①	97	144	98	④	99	①	100	③

Type 3. 삼각함수의 그래프 해석

41	②	42	③	43	③	44	⑤	45	③
46	②	47	④	48	②	49	②	50	①
51	⑤	52	③	53	3	54	⑤	55	④
56	③	57	⑤	58	77	59	67	60	155

Type 6. 수열의 추론

101	⑤	102	⑤	103	②	104	③	105	60
106	⑤	107	③	108	④	109	27	110	①
111	③	112	③	113	⑤	114	②	115	④
116	④	117	②	118	②	119	③	120	110

Type 1. 거듭제곱근의 성질

001.
정답_⑤

[출제자 : 오세준T] [검토자 : 정찬도T]

$\log_a 3$이 자연수이므로 $\log_a 3 = m \, (1 \le m \le 8)$이라 하면

$a = 3^{\frac{1}{m}}$

$\log_3 \left(\dfrac{a^{3k}}{\sqrt{3}} \right)^n = n \left(3k \log_3 a - \dfrac{1}{2} \right) = n \left(\dfrac{3k}{m} - \dfrac{1}{2} \right)$

모든 자연수 n에 대하여 항상 자연수가 되려면 $\dfrac{3k}{m} - \dfrac{1}{2}$도

자연수이어야 한다.

이때 자연수 m은 항상 짝수이다.

$m = 2$이면 $\dfrac{3k-1}{2}$이고 $3k$는 홀수이어야 하므로 k는

1, 3, 5, 7, $\cdots$

$m = 4$이면 $\dfrac{3k}{4} - \dfrac{1}{2}$이고 $k = 2p\,(p$는 홀수)이어야 하므로

k는 2, 6, 10, 14, $\cdots$

$m = 6$이면 $\dfrac{k}{2} - \dfrac{1}{2}$이므로 k는 3, 5, 7, $\cdots$

$m = 8$이면 $\dfrac{3k}{8} - \dfrac{1}{2}$이므로 $k = 4p\,(p$는 홀수)이어야

하므로 k는 4, 12, 20, 28, $\cdots$

따라서 가능한 100이하의 자연수 k는

100개의 자연수 중 8의 배수를 제외한 나머지 수이다.

100이하의 8의 배수의 개수는 12이므로

$100 - 12 = 88$이다.

002.
정답_④

[검토자 : 강동희T]

방정식 $x^n = n - a$의 실근의 개수가 a_n이므로

n이 홀수일 때는 $a_n = 1$이다.

$n = 2$부터 $n = 15$까지 홀수의 개수는 7이다.

n이 짝수일 때는

$n - a > 0$이면 $a_n = 2$

$n - a = 0$이면 $a_n = 1$

$n - a < 0$이면 $a_n = 0$

이다.

$\displaystyle\sum_{n=2}^{15} a_n = 14$에서 n이 홀수일 때, a_n의 합이 7이므로 n이

짝수일 때, a_n의 합은 7이어야 한다.

$n = 2$부터 $n = 15$까지 짝수의 개수는 7이므로

$0 + 0 + 0 + 1 + 2 + 2 + 2 = 7$에서

$a_2 = a_4 = a_6 = 0$이고 $a_8 = 1$이므로 $a = 8$이다.

003.
정답_11

$\log_{\frac{n}{10}} \dfrac{3n}{2n+k}$의 n제곱근을 x라 하면

$x^n = \log_{\frac{n}{10}} \dfrac{3n}{2n+k}$에서 x의 값이 음의 실수가 존재하기

위해서는

n이 홀수일 때, $\log_{\frac{n}{10}} \dfrac{3n}{2n+k} < 0$

또는

n이 짝수일 때, $\log_{\frac{n}{10}} \dfrac{3n}{2n+k} > 0$을 만족시키면 된다.

$2 \le n < 10$일 때,

㉠ n이 홀수일 때, $\log_{\frac{n}{10}} \dfrac{3n}{2n+k} < 0$에서 $\dfrac{3n}{2n+k} > 1$,

$k < n$

㉡ n이 짝수일 때, $\log_{\frac{n}{10}} \dfrac{3n}{2n+k} > 0$에서 $0 < \dfrac{3n}{2n+k} < 1$,

$n < k$

따라서

$a \in \{2, 4, 6, 8\}$, $b \in \{3, 5, 7, 9\}$라 할 때, $a < k < b$

이어야 한다.

a와 b로 가능한 수의 합이 22일 때

합이 짝수이므로 b의 값은 홀수의 개수가 짝수개인 $7 + 9$

또는 $3 + 5 + 7 + 9$만 가능하다.

이때 $3 + 5 + 7 + 9 = 24 > 22$이므로

a의 값은 2, 4, b의 값은 7, 9가 가능하다.

따라서 $4 < k < 7$

가능한 k의 값은 5, 6이다.

$5 + 6 = 11$

004.
정답_③

$\dfrac{\log(n^2 - 40)^n}{\log 2} = \log_2 (n^2 - 40)^n$이므로

$\log_2 (n^2 - 40)^n = n \log_2 (40 - n^2)$이 성립하기 위해서는

n은 짝수이고 $n^2 - 40 < 0$이어야 한다.

$n^2 < 40$에서 $-\sqrt{40} < n < \sqrt{40}$이므로

$n = 2, 4, 6$이다.

$2 + 4 + 6 = 12$

005. 　　　　　　　　　　　　　　정답_22

$a^2 \geq 0$이므로 $2 \leq n \leq p$이다.

a의 n제곱근을 x라 두면 $x^n = a$이고 $a > 0$일 때만 n이 홀수, 짝수에 관계없이 한 개씩 존재한다.

a의 n제곱근 중 양수의 개수가 20이기 위해서는 n의 값이 2, 3, $\cdots$, 21이어야 한다.

$p^2 \geq n^2 + a^2$에서 $p > n$이므로

$21 < p \leq 22$이면 n은 21까지 가능하게 된다.

따라서 p의 최댓값은 22이다.

006. 　　　　　　　　　　　　　　정답_24

$\dfrac{n}{4} = \log_9(6m+3)$

$\log_3(6m+3) = \dfrac{n}{2}$

$3(2m+1) = 3^{\frac{n}{2}}$

$2m+1 = 3^{\frac{n}{2}-1}$

집합 A의 원소의 합의 최솟값을 구해야 하므로 원소가 작은 순서로 3개를 구해야 한다.

$n=2$일 때, $m=0$

$n=4$일 때, $m=1$

$n=6$일 때, $m=4$

$n=8$일 때, $m=13$

$n=10$일 때, $m=40$

$n=12$일 때, $m=121$

따라서 홀수 m은 1, 13, 121로 n의 값은 4, 8, 12이다.

$4+8+12=24$

007. 　　　　　　　　　　　　　　정답_③

정수 k에 대하여 $\log_a b = k$라 할 때, $b = a^k$이다.

$n\log_9 \dfrac{b}{a} = 2\log_{27} a + \dfrac{4}{3}\log_9 b$

$\dfrac{n}{2}\log_3 \dfrac{b}{a} = \dfrac{2}{3}\log_3 a + \dfrac{2}{3}\log_3 b$

$\dfrac{n}{2}\log_3 \dfrac{b}{a} = \dfrac{2}{3}\log_3 ab$에서

$\dfrac{n}{2}\log_3 a^{k-1} = \dfrac{2}{3}\log_3 a^{k+1}$

$\dfrac{n(k-1)}{2} = \dfrac{2(k+1)}{3}$

$n(k-1) = \dfrac{4(k+1)}{3}$

$3n = \dfrac{4k+4}{k-1} = 4 + \dfrac{8}{k-1}$

$k-1$이 8의 약수여야 하고 $\dfrac{8}{k-1}$이 3으로 나눌 때 나머지가 2인 수 이어야 한다.

$k-1$	8	4	2	1	-1	-2	-4	-8
$\dfrac{8}{k-1}$	1	2	4	8	-8	-4	-2	-1
n		2		4				1

따라서 모든 자연수 n의 값의 합은

$1+2+4=7$

008. 　　　　　　　　　　　　　　정답_②

[출제자 : 이호진T]

주어진 $y = f(x)$의 그래프를 그리면 다음과 같다.

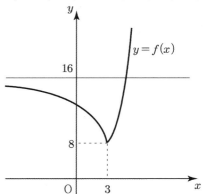

이때 주어진 방정식

$\{\log f(x)\}^2 - \log\{n(n+7)\} \times \log f(x) + \log n \times \log(n+7) = 0$

는 인수분해를 통해

$\{\log f(x) - \log n\}\{\log f(x) - \log(n+7)\} = 0$에서

$f(x) = n$ 또는 $f(x) = n+7$이다.

(i) $n=1$일 때, $n+7=8$이므로

$f(x) = n$의 실근의 개수는 0

$f(x) = n+7$의 실근의 개수는 1

따라서 $g(1) = 1$

(ii) $1 < n < 8$ 일 때, $8 < n+7 < 15$

$f(x) = n$의 실근의 개수는 0

$f(x) = n+7$의 실근의 개수는 2

따라서 $g(n) = 2$

(iii) $n=8$ 일 때, $n+7=15$

$f(x) = n$의 실근의 개수는 1

$f(x) = n+7$의 실근의 개수는 2

따라서 $g(n) = 3$

(iv) $n = 9$ 일 때, $n + 7 = 16$

$f(x) = n$의 실근의 개수는 2

$f(x) = n + 7$의 실근의 개수는 1

따라서 $g(n) = 3$

(v) $9 < n \leq 15$일 때, $16 < n + 7 \leq 22$

$f(x) = n$의 실근의 개수는 2

$f(x) = n + 7$의 실근의 개수는 1

따라서 $g(n) = 3$

(vi) $n \geq 16$일 때, $n + 6 \geq 23$

$f(x) = n$의 실근의 개수는 1

$f(x) = n + 7$의 실근의 개수는 1

따라서 $g(n) = 2$

서로 다른 실근의 개수는 2이다.

따라서 (i)~(vi)에서 $8 \leq n \leq 15$일 때, 실근의 개수 $g(n)$은 3으로 최대이다.

가능한 n의 개수는 8이다.

009. 정답_③

자연수 n에 대하여 2^n의 양의 약수는

$1, 2, 2^2, 2^3, \cdots, 2^{n-1}, 2^n$

집합 A_n의 원소는 $\log_2 x + \log_2 y = \log_2 xy$이고

임의의 두 수 x, y에 대하여 xy의 최댓값은

$2^{n-1} \times 2^n = 2^{2n-1}$

xy의 최솟값은 $1 \times 2 = 2$

이므로 집합 A_n의 원소의 최댓값은 $\log_2 2^{2n-1} = 2n - 1$

최솟값은 $\log_2 2 = 1$이다.

따라서

$A_n = \{1, 2, 3, \cdots, 2n-1\}$이다.

따라서

$a_n = 1 + 2 + 3 + \cdots + (2n-1) = \dfrac{(2n-1)2n}{2} = 2n^2 - n$

$\therefore \ a_n + 3n = 2n^2 + 2n$

$\displaystyle\sum_{n=1}^{20} \dfrac{1}{a_n + 3n}$

$= \displaystyle\sum_{n=1}^{20} \dfrac{1}{2n(n+1)}$

$= \dfrac{1}{2} \displaystyle\sum_{n=1}^{20} \left(\dfrac{1}{n} - \dfrac{1}{n+1} \right)$

$= \dfrac{1}{2} \left(1 - \dfrac{1}{21} \right) = \dfrac{1}{2} \times \dfrac{20}{21} = \dfrac{10}{21}$

010. 정답_13

$\log_2 n - x > 0$, $\dfrac{1}{\log_{\sqrt{2}} n^2} - \dfrac{1}{2x} > 0$이거나

$\log_2 n - x < 0$, $\dfrac{1}{\log_{\sqrt{2}} n^2} - \dfrac{1}{2x} < 0$이어야 한다.

(i) $\log_2 n > x$, $\log_{\sqrt{2}} n^2 < 2x$에서

$2^x < n$, $(\sqrt{2})^{2x} > n^2$

$n^2 < 2^x < n$

n이 자연수이므로 $n^2 \geq n$으로 모순이다.

(ii) $\log_2 n < x$, $\log_{\sqrt{2}} n^2 > 2x$에서

$2^x > n$, $(\sqrt{2})^{2x} < n^2$

$n < 2^x < n^2$

(i), (ii)에서 조건을 만족하는 x 범위는

$n < 2^x < n^2$이다.

$n = 2$일 때, $2 < 2^x < 4$으로 x의 개수는 0, 따라서 $f(2) = 0$

$n = 3$일 때, $3 < 2^x < 9$으로 x의 개수는 2, 따라서 $f(3) = 2$

$n = 4$일 때, $4 < 2^x < 16$으로 x의 개수는 1, 따라서 $f(4) = 1$

$n = 5$일 때, $5 < 2^x < 25$으로 x의 개수는 2, 따라서 $f(5) = 2$

$n = 6$일 때, $6 < 2^x < 36$으로 x의 개수는 3, 따라서 $f(6) = 3$

$n = 7$일 때, $7 < 2^x < 49$으로 x의 개수는 3, 따라서 $f(7) = 3$

$n = 8$일 때, $8 < 2^x < 64$으로 x의 개수는 2, 따라서 $f(8) = 2$

$\displaystyle\sum_{n=2}^{8} f(n) = 0 + 0 + 2 + 1 + 2 + 3 + 3 + 2 = 13$

011. 정답_④

[출제자 : 김진성T]

$p = n^{\frac{1}{4}}$이고 $q = \left(2^{12}\right)^{\frac{1}{m}} = 2^{\frac{12}{m}}$이고

p가 자연수가 되기 위해서는 $n = 2^4, 3^4, \cdots$이고

q가 자연수가 되기 위해서는 $m = 1, 2, 3, 4, 6, 12$인데

2이상이라고 했으므로 m의 최솟값은 $m = 2$이고 n의

최솟값은 $n = 2^4 = 16$이다.

따라서 $m + n$의 최솟값은 $2 + 16 = 18$

012.

정답_④

$-\dfrac{1}{2}<\log_2\sqrt{a}<3$, $-\dfrac{1}{2}<\dfrac{1}{2}\log_2 a<3$,

$-2<2\log_2 a<12$

$1<3+2\log_2 a<15$

$\dfrac{1}{4}<\dfrac{3+2\log_2 a}{4}<\dfrac{15}{4}$

$\dfrac{3+2\log_2 a}{4}$ 의 값이 정수이므로 가능한 값은 1, 2, 3이다.

$\dfrac{3+2\log_2 a}{4}=1$일 때, $2\log_2 a=1$, $\log_2 a=\dfrac{1}{2}$, $a=2^{\frac{1}{2}}$

$\dfrac{3+2\log_2 a}{4}=2$일 때, $2\log_2 a=5$, $\log_2 a=\dfrac{5}{2}$, $a=2^{\frac{5}{2}}$

$\dfrac{3+2\log_2 a}{4}=3$일 때, $2\log_2 a=9$, $\log_2 a=\dfrac{9}{2}$, $a=2^{\frac{9}{2}}$

모든 a의 값의 곱의 값은 $2^{\frac{1}{2}+\frac{5}{2}+\frac{9}{2}}=2^{\frac{15}{2}}$ 이다.

013.

정답_②

$\sqrt[3]{2^k}\times 3^4=2^{\frac{k}{3}}\times 3^4$의 n제곱근 중 양의 실수인 것은

$2^{\frac{k}{3n}}\times 3^{\frac{4}{n}}$

이고 이 값이 자연수가 되려면 n은 4의 약수인 2와 4가

가능하다. $n=2$일 때 $2^{\frac{k}{6}}$이 자연수가 되므로 k는 6의

배수이고 $n=4$일 때 $2^{\frac{k}{12}}$이 자연수이므로 k는 12의

배수이다. 따라서 주어진 조건을 만족하는 자연수 k는 6의

배수이고 12의 배수가 아닌 100이하의 자연수이므로

구하는 k의 값의 합은 $6(1+3+\cdots+15)=384$

014.

정답_②

[그림 : 최성훈T]

$||2^x-4|-2|+k=\log_2\dfrac{a+4}{4}$

$||2^x-4|-2|+k=\log_2(a+4)-2$

$||2^x-4|-2|+k+2=\log_2(a+4)$

에서 $y=||2^x-4|-2|+k+2$의 그래프는 다음 그림과
같다.

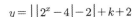
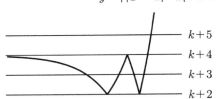

$g(a)=\log_2(a+4)$라 할 때,

$||2^x-4|-2|+k=\log_2\dfrac{a+4}{4}$ 의 실근의 개수는

곡선 $y=||2^x-4|-2|+k+2$와 직선 $y=g(a)$가 만나는
점의 개수와 같다.

$g(0)=\log_2 4=2$, $g(3)=\log_2 7<3$,

$g(30)=\log_2 34>5$이므로

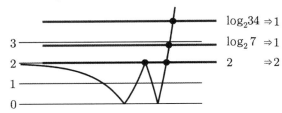

$k=-2$일 때, $f(0)+f(3)+f(30)=2+1+1=4$

$k=2$일 때, $f(0)+f(3)+f(30)=0+0+4=4$

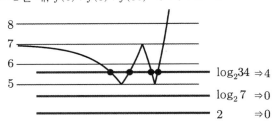

$k=3$일 때, $f(0)+f(3)+f(30)=0+0+4=4$

$f(0)+f(3)+f(30)=4$을 만족시키는 정수 k는 -2, 2,
3이다.

따라서 모든 k의 값의 합은 3이다.

015.

정답_⑤

[그림 : 서태욱T]

거듭제곱근의 성질에 의해

$$a_3=a_5=a_7=1$$

이므로

$$\sum_{n=2}^{7}a_n=6\ \Rightarrow\ a_2+a_4+a_6=3$$

이다.

n이 짝수일 때,

$$\begin{cases} f(n)<0 \Rightarrow a_n=0 \\ f(n)=0 \Rightarrow a_n=1 \quad \cdots \text{㉠} \\ f(n)>0 \Rightarrow a_n=2 \end{cases}$$

이므로

$$a_2+a_4+a_6=3$$

$\Rightarrow \{a_2,\ a_4,\ a_6\}=\{0,\ 1,\ 2\}$ 또는 $a_2=a_4=a_6=1$

이다. 이때 $a_2=a_4=a_6=1$이면

$f(2)=f(4)=f(6)=f(8)=0$이므로 $f(x)$가 삼차함수임에

모순이다.

따라서 $\{a_2,\ a_4,\ a_6\}=\{0,\ 1,\ 2\}$

이고 $f(8)=0$이고 ㉠과 조건 (나)를 함께 고려해서 함수

$y=f(x)$의 그래프를 그려보면 아래와 같다.

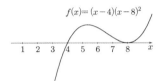
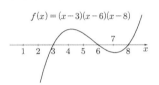
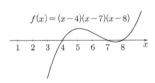
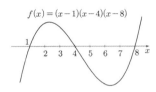
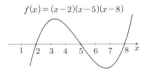

$\therefore f(x)=(x-4)(x-8)^2 \ or\ (x-3)(x-6)(x-8)$

$\qquad (x-4)(x-7)(x-8)\ or\ (x-1)(x-4)(x-8)$

또는 $f(x)=(x-2)(x-5)(x-8)$

$\Rightarrow f(10)=24\ or\ 56\ or\ 36\ or\ 108\ or\ 80$이고 합은

304이다.

016.　　　　　　　정답_256

[출제자 : 황보성호T]

한 변의 길이가 $2^{\frac{n}{4}}$인 직각이등변삼각형은 다음과 같다.

(i) 길이가 $2^{\frac{n}{4}}$인 변이 빗변인 직각이등변삼각형일 때,

나머지 두 변의 길이는 모두 $2^{\frac{n}{4}}\times\cos45°=2^{\frac{n}{4}-\frac{1}{2}}$이므로

직각이등변삼각형의 넓이는

$$\frac{1}{2}\times\left(2^{\frac{n}{4}-\frac{1}{2}}\right)^2=2^{\frac{n}{2}-2}$$

(ii) 길이가 $2^{\frac{n}{4}}$인 변이 빗변이 아닌 직각이등변삼각형일 때,

직각이등변삼각형의 넓이는

$$\frac{1}{2}\times\left(2^{\frac{n}{4}}\right)^2=2^{\frac{n}{2}-1}$$

(i), (ii)에 의하여 $f(n)=2^{\frac{n}{2}-2}$이므로 $f(20)=2^8=256$

017.　　　　　　　정답_28

$x^n=\dfrac{n^2-14n+40}{8}$이고

(i) n이 홀수 일 때

$-1<x^n\le 0$이므로

$-1<\dfrac{n^2-14n+40}{8}\le 0$

$-8<n^2-14n+40\le 0$

$n^2-14n+48>0$ 또는 $n^2-14n+40\le 0$

㉠ $n^2-14n+48>0$

$(n-6)(n-8)>0$

$n<6$ 또는 $n>8$

㉡ $n^2-14n+40\le 0$

$(n-4)(n-10)\le 0$

$4\le n\le 10$

㉠, ㉡에서 $4\le n<6$ 또는 $8<n\le 10$이다.

조건을 만족시키는 홀수는 $n=5,\ n=9$이다.

(ii) n이 짝수 일 때

$0\le x^n<1$이므로

$0\le\dfrac{n^2-14n+40}{8}<1$

$0\le n^2-14n+40<8$

$n^2-14n+40\ge 0$ 또는 $n^2-14n+32<0$

㉠ $n^2-14n+40\ge 0$

$(n-4)(n-10)\le 0$

$n\le 4$ 또는 $n\ge 10$

㉡ $n^2-14n+32<0$

$7-\sqrt{17}<n<7+\sqrt{17}$

$2.XXX<n<11.XXX$

㉠, ㉡에서 $7-\sqrt{17}<n\le 4$ 또는

$10\le n<7+\sqrt{17}$이다.

조건을 만족시키는 짝수는 $n=4,\ n=10$이다.

(i), (ii)에서 조건을 만족시키는 모든 n의 값의 합은

28이다.

018. 정답_722

$n < \log_3 x^3 < n+1$

$n < 3\log_3 x < n+1$

함수 $g(x) = 3\log_3 x$라 하면

$f(n)$을 만족하는 x의 개수는

$g^{-1}(n) < x < g^{-1}(n+1)$을 만족하는 정수의 개수이다.

x의 값이 $g^{-1}(1) < x < g^{-1}(17) \rightarrow 3^{\frac{1}{3}} < x < 3^{\frac{17+1}{3}}$

을 만족하는 정수의 개수에서 n의 값에 따른 경계점이 정수가 되는 x의 값만 빼면 된다는 것을 알 수 있다.

즉, $g^{-1}(n) = 3^{\frac{n}{3}}$, $g^{-1}(n+1) = 3^{\frac{n+1}{3}}$ 이 정수인 경우 제외

$1 < 3^{\frac{1}{3}} < 2$, $3^{\frac{17+1}{3}} = 3^6 = 729$이므로

$2 \le x < 729$에서 정수 x의 개수는 727이다.

여기서 $n = 2, 3, 5, 6, 8, 9, 11, 12, 14, 15$일 때 정수 x값만 빼면 된다.

n이 2, 3일 때는 $g^{-1}(2+1) = 3^{\frac{2+1}{3}} = 3$,

$g^{-1}(3) = 3^{\frac{3}{3}} = 3$으로 중복

n이 5, 6일 때

n이 8, 9일 때

n이 11,12일 때

n이 14,15일 때

마찬가지로 중복된다.

따라서 $727 - 5 = 722$이다.

019. 정답_49

(i) n이 짝수일 때,

방정식 $x^n = 4^{m+6}$에서

$x = \pm 4^{\frac{m+6}{n}} = \pm 2^{\frac{2m+12}{n}}$ 이고 $m > n$이므로

이므로 실근 중 정수인 것의 개수로 가능한 수는 2뿐이다.

따라서 $(4, 2)$, $(6, 4)$, $(8, 6)$, $(10, 8)$에 대하여 알아보면 된다.

① $(4, 2)$

$x = \pm 2^{\frac{8+12}{2}} = \pm 2^{10}$으로 실근 중 정수인 것의 개수는 2이다.

따라서 $S = 6$

② $(6, 4)$

$x = \pm 2^{\frac{12+12}{4}} = \pm 2^6$으로 실근 중 정수인 것의 개수는 2이다.

따라서 $S = 10$

③ $(8, 6)$

$x = \pm 2^{\frac{16+12}{6}} = \pm 2^{\frac{14}{3}}$으로 실근 중 정수인 것은 존재하지 않으므로 모순이다.

④ $(10, 8)$

$x = \pm 2^{\frac{20+12}{8}} = \pm 2^4$으로 실근 중 정수인 것의 개수는 2이다.

따라서 $S = 18$

(ii) n이 홀수일 때,

방정식 $x^n = 4^{m+6}$에서

$x = 4^{\frac{m+6}{n}} = 2^{\frac{2m+12}{n}}$이고 $m > n$이므로

이므로 실근 중 정수인 것의 개수로 가능한 수는 1뿐이다.

따라서 $(4, 3)$, $(6, 5)$, $(8, 7)$, $(10, 9)$에 대하여 알아보면 된다.

① $(4, 3)$

$x = 2^{\frac{8+12}{3}} = 2^{\frac{22}{3}}$으로 실근 중 정수인 것은 존재하지 않으므로 모순이다.

② $(6, 5)$

$x = 2^{\frac{12+12}{5}} = 2^{\frac{24}{5}}$으로 실근 중 정수인 것은 존재하지 않으므로 모순이다.

③ $(8, 7)$

$x = 2^{\frac{16+12}{7}} = 2^4$으로 실근 중 정수인 것의 개수는 1이다.'

따라서 $S = 15$

④ $(10, 9)$

$x = 2^{\frac{20+12}{9}} = 2^{\frac{32}{9}}$으로 실근 중 정수인 것은 존재하지 않으므로 모순이다.

(i), (ii)에서 모든 S의 합은 $6 + 10 + 18 + 15 = 49$이다.

020.

$\log \alpha - 2\log n = \log \dfrac{\alpha}{n^2}$ 이고

$\log \dfrac{\alpha}{n^2}$ 의 n제곱근 중 실수인 것을 x라 할 때,

$x^n = \log \dfrac{\alpha}{n^2}$ 이다.

실수 x의 값이 2개 존재하기 위해서는 n이 짝수이고

$\log \dfrac{\alpha}{n^2} > 0$이어야 한다.

따라서

$a_n = 2$를 만족시키는 자연수 n의 개수는 3이기 위해서는

$n = 6$일 때, $\log \dfrac{\alpha}{36} > 0$

$n = 8$일 때, $\log \dfrac{\alpha}{64} \leq 0$

이어야 한다. 즉, $36 < \alpha \leq 64$이다.

α의 최댓값 $M = 64$이고 $a_8 = 1$이다.

(i) $\alpha = 64$일 때,

$a_1 = 1, a_2 = 2, a_3 = 1, a_4 = 2, a_5 = 1, a_6 = 2, a_7 = 1,$

$a_8 = 1$이고 $a_9 = a_{11} = a_{13} = \cdots = 1$, ,

$a_{10} = a_{12} = a_{14} = \cdots = 0$이다.

따라서

$\displaystyle\sum_{n=2}^{64} a_n$

$= (2+1+2+1+2+1+1) + \dfrac{56}{2}$

$= 10 + 28 = 38$

(ii) $36 < \alpha < 64$일 때,

$a_1 = 1, a_2 = 2, a_3 = 1, a_4 = 2, a_5 = 1, a_6 = 2, a_7 = 1,$

$a_8 = 0$이고 $a_9 = a_{11} = a_{13} = \cdots = 1$, ,

$a_{10} = a_{12} = a_{14} = \cdots = 0$이다.

따라서

$\displaystyle\sum_{n=2}^{64} a_n$

$= (2+1+2+1+2+1+0) + \dfrac{56}{2}$

$= 9 + 28 = 37$

(i), (ii)에서 $\displaystyle\sum_{n=2}^{M} a_n$의 값의 합은 $38 + 37 = 75$이다.

021.

[그림 : 배용제T] [검토자 : 필재T]

$0 \leq x < 5$에서 $f(x) = x^2 - 6x + 9 = (x-3)^2$으로 다음 그림과 같다.

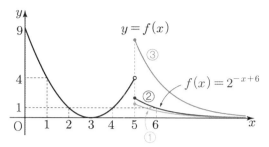

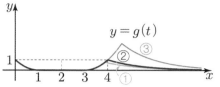

$g(0)$의 값은 $0 \leq x \leq 2$에서 함수 $f(x)$의 최솟값이므로 $g(0) = f(2) = 1$이다.

$0 \leq t \leq 1$일 때, $g(t) = f(t+2)$

$1 \leq t \leq 3$일 때, $g(t) = 0$

이고 구간 $[0, \infty)$에서 함수 $g(t)$의 최댓값이 1이기 위해서는 그림과 같이 ①, ②의 그래프처럼 $f(4) \geq f(6)$이어야 한다.

③의 그래프와 같이 $f(4) < f(6)$일 때는 $g(t)$의 최댓값이 1보다 크다.

따라서

$1 \geq a \times \dfrac{1}{64}$

$a \leq 64$이다.

$\dfrac{1}{f(10)}$ 의 값이 최소이기 위해서는 $f(10)$의 값이 최대이어야 하고 $f(10)$의 값이 최대이기 위해서는 a의 값이 최대이어야 한다.

즉, $a = 64$일 때 $\dfrac{1}{f(10)}$ 의 값이 최소이다.

$a = 64$일 때,

$f(x) = \begin{cases} x^2 - 6x + 9 & (0 \leq x < 5) \\ 2^{-x+6} & (x \geq 5) \end{cases}$

이고 $f(10) = 2^{-4} = \dfrac{1}{16}$ 이므로 $\dfrac{1}{f(10)} = 16$이다.

따라서 $\dfrac{1}{f(10)}$ 의 최솟값은 16이다.

022.

[그림 : 최성훈T] [검토자 : 오정화T]

직선 AB를 $x = t(t > 0)$라 하면 $A(t, \log_a t)$,

$B(t, -\log_a \sqrt{t})$이다.

직선 AC의 기울기는 $\dfrac{\log_a t + 4}{t}$ 이고

직선 BC의 기울기는 $\dfrac{-\log_a \sqrt{t} + 4}{t}$ 이다.

$$\dfrac{\log_a t + 4}{t} = 2 \times \dfrac{-\log_a \sqrt{t} + 4}{t}$$

$2\log_a t = 4$

$\therefore \ \log_a t = 2$

$\overline{AC} = \sqrt{t^2 + (\log_a t + 4)^2} = \sqrt{t^2 + 36} = 2\sqrt{10}$

$t^2 = 4$

$\therefore \ t = 2$

따라서 $a = \sqrt{2}$ 이다.

---

023. 정답 ④

[그림 : 서태욱T] [검토자 : 최수영T]

$A\left(0,\ a^b\right)$, $B\left(a^b,\ 0\right)$이므로 직선 AB의 기울기는 -1이다.
따라서 직선 AD와 직선 BC는 기울기가 1인 직선이다.
원점 O에서 선분 AB와 선분 CD에 내린 수선의 발을
각각 H_1, H_2라 하자. 두 점 H_1, H_2는 직선 $y=x$ 위의
점이다.
$\overline{AB} = \overline{CD}$ 이고 삼각형 OCD의 넓이가 삼각형 OAB의

넓이의 $\dfrac{3}{2}$이므로 $\overline{OH_1} : \overline{H_1 H_2} = 2:1$이다.

직각이등변삼각형 OAB에서 $\overline{OA} = \overline{OB} = a^b$이므로
$\overline{AB} = \sqrt{2}\,a^b$이다.
마찬가지로 직각이등변삼각형 OBH_1에서

$\overline{OH_1} = \dfrac{a^b}{\sqrt{2}}$ 이다.

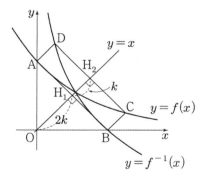

따라서 $\overline{H_1 H_2} = \overline{BC} = \overline{AD} = \dfrac{a^b}{2\sqrt{2}}$ 이다.

그러므로 직사각형 ABCD의 넓이는

$$\sqrt{2}\,a^b \times \dfrac{a^b}{2\sqrt{2}} = \dfrac{(a^b)^2}{2} = \dfrac{2}{9}$$

$(a^b)^2 = \dfrac{4}{9}$

$\therefore \ a^b = \dfrac{2}{3}$

$\overline{AD} = \dfrac{2}{3} \times \dfrac{1}{2\sqrt{2}} = \dfrac{\sqrt{2}}{6}$

따라서 점 D는 점 A을 x축의 방향으로 $\dfrac{1}{6}$만큼, y축의

방향으로 $\dfrac{1}{6}$만큼 평행이동한 점이므로

$D\left(\dfrac{1}{6},\ \dfrac{2}{3} + \dfrac{1}{6}\right) = D\left(\dfrac{1}{6},\ \dfrac{5}{6}\right)$이다.

$p = \dfrac{1}{6}$, $q = \dfrac{5}{6}$이므로 $p \times q = \dfrac{5}{36}$

랑데뷰 팁

$f^{-1}(x) = \log_a x - b$에서 점 $D\left(\dfrac{1}{6},\ \dfrac{5}{6}\right)$가 곡선

$y = \log_a x - b$ 위의 점이므로 $\dfrac{5}{6} = \log_a\left(\dfrac{1}{6}\right) - b$

$a^{\frac{5}{6} + b} = \dfrac{1}{6}$이다.

$a^b = \dfrac{2}{3}$에서

$a^{\frac{5}{6}} = \dfrac{1}{4}$에서 $a = \left(\dfrac{1}{4}\right)^{\frac{6}{5}} = 2^{-\frac{12}{5}}$이다.

---

024. 정답 ①

[출제자 : 김진성T] [그림 : 이정배T] [검토자 : 김영식T]

점 $B\left(\beta,\ -\dfrac{1}{2}\beta + 3\right)$는 곡선 $y = \log_2(x-2)$ 위에 있는

점이므로 β는 $-\dfrac{1}{2}\beta + 3 = \log_2(\beta - 2)$를 만족하고 β가

자연수이므로 $\beta = 4$이다.

따라서 삼각형 OBC의 넓이는 $\dfrac{1}{2} \times 4 \times 1 = 2$ 이고

$A\left(\alpha,\ -\dfrac{1}{2}\alpha + 3\right)$에 대하여 삼각형 OAD의 넓이는

삼각형 OBC넓이의 $\dfrac{5}{8}$ 배이므로

$\dfrac{1}{2} \times \alpha \times \left(-\dfrac{1}{2}\alpha + 3\right) = \dfrac{5}{4}$ 이고 $\alpha = 1$이다.

따라서 점 $A\left(1,\ \dfrac{5}{2}\right)$이고 곡선 $y = k \times 2^x$는 점 A를

지나므로 $k = \dfrac{5}{4}$이다.

025.

[그림 : 최성훈T]

$|n-2^{x+3}| = |2^{x+3}-n|$ 이므로

$$f(x) = \begin{cases} |\log_2(8-x) - n| & (x \le 0) \\ |2^{x+3} - n| & (x > 0) \end{cases} \text{ 이다.}$$

함수 $f(x)$는 $y = \log_2(8-x)$ $(x \le 0)$와 $y = 2^{x+3}$ $(x > 0)$의 그래프를 y축의 방향으로 $-n$만큼 평행이동한 뒤 x축 아랫부분이 있다면 그 부분을 x축에 대칭이동한 그래프이다.

(i) $3-n \ge 0$일 때, 즉 $n \le 3$일 때, $y = f(x)$가 x축 아래로 내려가는 경우가 없으므로 $y = 4$와 만나는 점의 개수에 최댓값은 2이다. 따라서 실근의 개수가 3개라는 조건을 만족시키지 못한다.

(ii) $3-n < 0$, $8-n \ge 0$일 때, 즉, $3 < n \le 8$일 때,

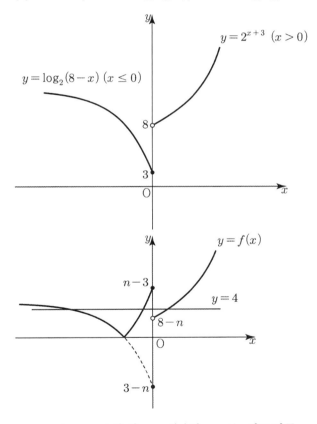

$8-n < 4 \le n-3$일 때, $y = f(x)$와 $y = 4$는 서로 다른 세 점에서 만나므로 조건을 만족한다.

$n \ge 7$이므로 $7 \le n \le 8$

(iii) $8-n < 0$일 때, 즉, $n > 8$ …… ㉠

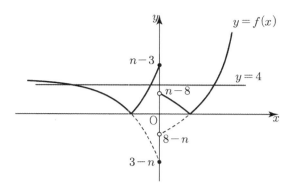

$n-8 \le 4 \le n-3$일 때, $y = f(x)$와 $y = 4$는 서로 다른 세 점에서 만나므로 조건을 만족한다.

$7 \le n \le 12$이고 ㉠의 조건을 만족해야 하므로

$8 < n \le 12$

(i), (ii), (iii)에서 $7 \le n \le 12$이다.

$M = 12$, $m = 7$이므로 $M+m = 19$

026.

[그림 : 이정배T]

함수 $y = a^{x-1} - 1$를 x축 방향으로 -1만큼, y축 방향으로 1만큼 평행이동하면 $y = a^x$,

함수 $y = \log_{\frac{1}{a}}(x+2)$를 x축 방향으로 2만큼 평행이동한 후 x축 대칭이동하면 $y = \log_a x$이므로 아래의 그림과 같은 상황이다.

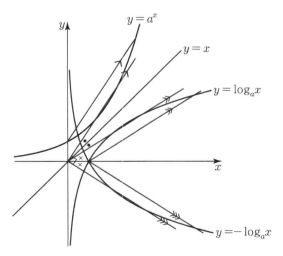

$\overline{AP} = \overline{BQ} \Rightarrow \overline{AP} \perp \overline{BQ}$이다. ($\because$ 그림참조)

한편, 삼각형 PBQ의 무게중심이 점 A이므로 직선 PA는 선분 BQ를 수직이등분시키고, 선분 $\overline{AB} = 2$이므로 점 A에서 선분 BQ와의 거리는 $\sqrt{2}$이고, $\overline{BQ} = 2\sqrt{2}$이다. 그리고 무게중심 성질에 의해 $\overline{PA} = 2\sqrt{2}$이므로 삼각형 PBQ의 넓이 S는

$S = \dfrac{1}{2} \times \overline{BQ} \times \overline{PH} = \dfrac{1}{2} \times 2\sqrt{2} \times 3\sqrt{2} = 6$ (단, 점 H는 점

P에서 선분 BQ에 내린 수선의 발)

한편, $\overline{PA} = 2\sqrt{2}$ 이므로 점 P의 좌표는 P(3,2)이므로

$2 = a^{3-1} - 1$

$a = \sqrt{3}$

$\therefore a^2 \times S = \sqrt{3}^2 \times 6 = 18$

다른 풀이

$y = a^{x-1} - 1$를 $y = x$대칭하면 $y = \log_a(x+1) + 1$ 이고,

$y = \log_a(x+1) + 1$를 x축 대칭하면

$y = -\log_a(x+1) - 1$이고,

$y = -\log_a(x+1) - 1$를 x축의 방향으로 -1, y축

방향으로 $+1$을 이동하면 $y = \log_{\frac{1}{a}}(x+2)$ 가 된다.

그런데 A(1,0)와 P(p,q)을 그래프 이동한 것처럼 하면

A(1,0) → A₁(0,1) → A₂(0,−1)

→ A₃(−1,0) = B(−1,0)이고

P(p,q) → P₁(q,p) → P₂(q,−p)

→ P₃(q−1,−p+1) = Q(q−1,−p+1)이 된다.

삼각형 PBQ의 무게중심은

A(1,0) = A$\left(\dfrac{p-1+q-1}{3}, \dfrac{q+0-p+1}{3} \right)$이고

$p = 3, q = 2$이다.

P(3,2)이므로 $2 = a^{3-1} - 1$ $\therefore a^2 = 3$

삼각형PBQ의

넓이= $S = 3 \times \triangle ABP = 3 \times \dfrac{1}{2} \times \overline{AB} \times 2 = 6$

$\therefore a^2 \times S = 3 \times 6 = 18$

027.   정답_126

A$(2, a^2)$, B$(2, b^2)$

(i) $6 < a^2 < b^2$일 때,

$S_1 = \dfrac{1}{2} \times (a^2 - 6) \times 2 = a^2 - 6$

$S_2 = \dfrac{1}{2} \times (b^2 - 6) \times 2 = b^2 - 6$

$3S_1 = S_2$에서 $3a^2 - 18 = b^2 - 6$

$3a^2 - b^2 = 12$

$b^2 = 3(a^2 - 4)$에서 a^2이 자연수이므로 자연수 k에 대하여

$a^2 - 4 = 3 \times k^2$꼴이어야 한다.

㉠ $k = 1$일 때, $a^2 - 4 = 3$에서

$a^2 = 7$, $b^2 = 9$

$\therefore a^2 + b^2 = 16$

㉡ $k = 2$일 때, $a^2 - 4 = 12$에서

$a^2 = 16$, $b^2 = 36$

$\therefore a^2 + b^2 = 52$

㉢ $k = 3$일 때, $a^2 - 4 = 27$에서

$a^2 = 31$, $b^2 = 81$

$\therefore a^2 + b^2 = 112$

㉣ $k = 4$일 때, $a^2 - 4 = 48$에서

$a^2 = 52$, $b^2 = 148$

따라서 $k \geq 4$일 때, 한 자리수 b는 존재하지 않는다.

(ii) $a^2 < 6 < b^2$일 때,

$S_1 = \dfrac{1}{2} \times (6 - a^2) \times 2 = 6 - a^2$

$S_2 = \dfrac{1}{2} \times (b^2 - 6) \times 2 = b^2 - 6$

$3S_1 = S_2$에서 $18 - 3a^2 = b^2 - 6$

$b^2 = 3(8 - a^2)$에서 자연수 k에 대하여

$8 - a^2 = 3 \times k^2$꼴이어야 한다.

㉠ $k = 1$일 때, $8 - a^2 = 3$에서

$a^2 = 5$, $b^2 = 9$

$\therefore a^2 + b^2 = 14$

㉡ $k = 2$일 때, $8 - a^2 = 12$에서

a^2의 값이 존재하지 않는다.

따라서 $k \geq 2$일 때, 한 자리수 b는 존재하지 않는다.

(i), (ii)에서 $a^2 + b^2$의 최댓값은 112, 최솟값은 14이다.

따라서 $112 + 14 = 126$

다른 풀이 ─ 김상호T

A$(2, a^2)$, B$(2, b^2)$

(i) $6 < a^2 < b^2$일 때,

$S_1 = \dfrac{1}{2} \times (a^2 - 6) \times 2 = a^2 - 6$

$S_2 = \dfrac{1}{2} \times (b^2 - 6) \times 2 = b^2 - 6$

$3S_1 = S_2$에서 $3a^2 - 18 = b^2 - 6$

$b^2 = 3(a^2 - 4)$에서 b^2이 3의 배수임을 알 수 있으므로 b는

3의 배수인 한 자리의 자연수이다. 따라서 만족하는

자연수 b는 3, 6, 9이다.

$b = 3$일 때, $a = \sqrt{7}$이므로 $a^2 + b^2 = 16$

$b = 6$일 때, $a = 4$이므로 $a^2 + b^2 = 52$

$b = 9$일 때, $a = \sqrt{31}$이므로 $a^2 + b^2 = 112$

(ii) $a^2 < 6 < b^2$일 때,

$S_1 = \dfrac{1}{2} \times (6 - a^2) \times 2 = 6 - a^2$

$$S_2 = \frac{1}{2} \times (b^2 - 6) \times 2 = b^2 - 6$$

$3S_1 = S_2$에서 $18 - 3a^2 = b^2 - 6$

$b^2 = 3(8 - a^2)$이므로 b는 $b^2 < 24$인 3의 배수인 한 자리의 자연수이다. 따라서 만족하는 자연수 b는 3이다.

$b = 3$일 때, $a = \sqrt{5}$이므로 $a^2 + b^2 = 14$

(iii) $a^2 < b^2 < 6$일 때,

$$S_1 = \frac{1}{2} \times (6 - a^2) \times 2 = 6 - a^2$$

$$S_2 = \frac{1}{2} \times (6 - b^2) \times 2 = 6 - b^2$$

$3S_1 = S_2$에서 $18 - 3a^2 = 6 - b^2$

$b^2 = 3(a^2 - 4)$에서 b^2이 3의 배수임을 알 수 있으므로 b는 3의 배수인 한 자리의 자연수이다. 하지만 $b^2 < 6$인 3의 배수인 자연수 b는 존재하지 않는다.

(i), (ii), (iii) 에서 $a^2 + b^2$의 최댓값은 112, 최솟값은 14이다.

따라서 $112 + 14 = 126$

028.

정답_①

[그림 : 도정영T]

두 곡선 $y = 2^{x-k}$와 $y = \log_2(x+k)$는 각각 직선 $y = x$와 많아야 서로 다른 두 점에서 만나고 집합 $A \cup B$의 원소의 개수가 3이므로 두 곡선 $y = 2^{x-k}$와 $y = \log_2(x+k)$는 각각 직선 $y = x$와 적어도 한 점에서 만난다.

한편, $y = 2^{x-k}$의 역함수는 $y = \log_2 x + k$이고 곡선 $y = 2^{x-k}$와 $y = \log_2 x + k$의 교점은 $y = x$위에 있다.

곡선 $y = 2^{x-k}$과 직선 $y = x$의 교점의 x좌표의 집합 A는 곡선 $y = \log_2 x + k$와 직선 $y = x$의 교점의 x좌표의 집합과 같다.

곡선 $y = \log_2(x+k)$를 x축의 방향으로 k만큼 y축의 방향으로 k만큼 평행이동한 곡선이 $y = \log_2 x + k$이므로

그림에서 $\dfrac{x_1 + x_3}{2} = x_2$이다.

029.

정답_②

[그림 : 서태욱T]

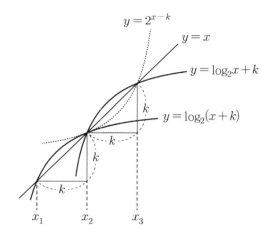

$x_1 + x_2 + x_3 = 3$에서 $3x_2 = 3$이므로 $x_2 = 1$이다.
따라서 x_2는 $x = \log_2(x+k)$을 만족하므로
$1 = \log_2(1+k)$에서 $k = 1$이다.

$y = a^{x - \frac{5}{2}} + \dfrac{1}{2}$을 $y = x - 1$에 대칭인 함수는

x대신 $y + 1$을
y대신 $x - 1$을
대입한 함수이므로

$x - 1 = a^{y - \frac{3}{2}} + \dfrac{1}{2}$에서

$a^{y - \frac{3}{2}} = x - \dfrac{3}{2}$

$y - \dfrac{3}{2} = \log_a\left(x - \dfrac{3}{2}\right)$

$y = \log_a\left(x - \dfrac{3}{2}\right) + \dfrac{3}{2}$이다.

직선 $y = x - 1$과 곡선 $y = a^{x - \frac{5}{2}} + \dfrac{1}{2}$이 만나는 점 B, D의 좌표는 직선 $y = x - 1$과 곡선 $y = \log_a\left(x - \dfrac{3}{2}\right) + \dfrac{3}{2}$이 만나는 점이다.

$y = \log_a\left(x - \dfrac{3}{2}\right) + \dfrac{3}{2}$은 $y = \log_a x$을 x축의 방향으로 $\dfrac{3}{2}$만큼, y축의 방향으로 $\dfrac{3}{2}$만큼 평행이동한 함수이고 두 점 A, B는 기울기가 1인 직선 위의 점이므로 점 A를 x축의 방향으로 $\dfrac{3}{2}$만큼, y축의 방향으로 $\dfrac{3}{2}$만큼 평행이동한 점이 B이다. 즉, $\overline{AB} = \dfrac{3}{2}\sqrt{2}$이다.

마찬가지로 $\overline{CD} = \dfrac{3}{2}\sqrt{2}$

$\overline{AD} = 3\overline{BC}$ 에서

$\overline{AB} + \overline{BC} + \overline{CD} = 3\overline{BC}$ 이므로

$\overline{BC} = x$ 라 하면

$3\sqrt{2} + x = 3x$

$x = \dfrac{3}{2}\sqrt{2}$ 이다.

따라서 $\overline{AC} = 3\sqrt{2}$

그러므로 점 C는 점 A를 x축의 방향으로 3만큼, y축의
방향으로 3만큼 평행이동한 점이므로 C(4, 3)이다.

점 C는 $y = \log_a x$ 위의 점이므로 $3 = \log_a 4$

$a^3 = 4$

030.

[출제자 : 최성훈T]

$y = a^x$ 와 $y = \log_a x$ 는 $y = x$ 에 대하여 대칭이고,
$y = \log_a x$ 와 $y = \log_a(-x)$ 는 y축에 대하여 대칭이다.
P 를 $y = x$ 에 대칭이동한 점을 P′ 라 하자.

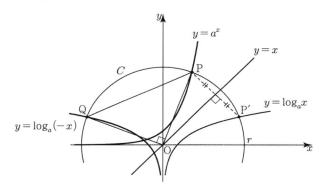

P(p, q) 라 하면, P′(q, p), Q$(-q, p)$ 이므로 직선
OP 기울기는 $\dfrac{q}{p}$, 직선 OQ기울기는 $-\dfrac{p}{q}$ 이다. 두
기울기의 곱이 -1이므로 직선 OP 와 직선 OQ 는 서로
수직이다.

$\overline{OP} = \overline{OQ} = r$ 이므로 $\overline{PQ} = \sqrt{2}\,r = 8$, 따라서
$r = 4\sqrt{2}$ 이다.

직선 OP 의 기울기 $\dfrac{q}{p} = \sqrt{7}$ 이므로 $q = \sqrt{7}\,p$

$\cdots\cdots\text{㉠}$

$\overline{OP} = 4\sqrt{2}$ 이므로 $\sqrt{p^2 + q^2} = 4\sqrt{2}$, 즉 $p^2 + q^2 = 32$

$\cdots\cdots\text{㉡}$

$p > 0,\ q > 0$ 이므로 ㉠, ㉡를 연립하면 $p = 2,\ q = 2\sqrt{7}$

P$(2, 2\sqrt{7})$ 를 $y = a^x$ 에 대입하면 $a^2 = 2\sqrt{7}$

$\therefore r \times a^2 = 4\sqrt{2} \times 2\sqrt{7} = 8\sqrt{14}$

031.

B$(t,\ 2^t)$이라면 A$(t+1,\ 2^{t+1})$

$2^{t+1} - 2^t = \sqrt{3}$ 이므로 $2^t = \sqrt{3}$ 따라서 $2^{2t} = 3$이므로
$2t = \log_2 3$

C$(t+2,\ a^{t+2})$에서 $a^{t+2} = \sqrt{3}$

$\begin{aligned}
\log_a 3 &= \log_a a^{2t+4}\\
&= 2t + 4\\
&= \log_2 3 + 4\\
&= \log_2 48
\end{aligned}$

032.

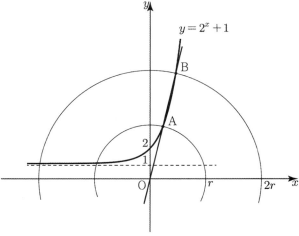

$\overline{OA} : \overline{OB} = 1 : 2$이므로 점 A 의 x 좌표와 점 B의
x 좌표는 $1 : 2$ 이다.

A$(t,\ 2^t + 1)$, B$(2t,\ 2^{2t} + 1)$ 라 하면 세 점 O, A, B는
일직선 위에 있으므로 직선 OA의 기울기와 직선 OB 의
기울기는 서로 같다.

$\dfrac{2^t + 1}{t} = \dfrac{2^{2t} + 1}{2t}$; $2(2^t + 1) = 2^{2t} + 1$;

$2^{2t} - 2 \cdot 2^t - 1 = 0$

$2^t > 0$ 이므로 $2^t = 1 + \sqrt{2}$

$\therefore$ 점 A 의 y좌표는 $2^t + 1$ 이므로 $2 + \sqrt{2}$

033.

$\overline{OA} = \overline{AB}$이므로 A의 좌표를 $(t,\ s)$ 라 하였을 때, B의
좌표는 $(2t,\ 2s)$이다. 따라서 $\log_a 2 = s \cdots \text{㉠}$ 이고,
이때, 주어진 두 직선의 기울기와 $\overline{AC} = \overline{BD}$임을
고려하였을 때, C$(t+3,\ s-5)$, D$(2t+5,\ 2s-3)$라 할
수 있으므로, $\log_a(2t+2) - 3 = 2s - 3$에서 ㉠에 의하여
$\log_a(2t+2) = 2s = \log_a 4$이고, $t = 1$이다.

이때 점 A를 고려하면, $s=2$이고 D의 좌표는 $(7,\ 1)$이 됨을 알 수 있다. 따라서 $p+q=8$이다.

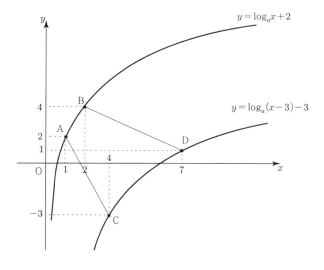

034.
정답 ①

[그림 : 강민구T]

$y=a^{x+1}+1$의 그래프를 x축의 방향으로 1만큼, y축의 방향으로 -1만큼 평행이동한 함수는 $y=a^x$이므로 직선 $y=-x+k$와 곡선 $y=a^x$의 교점을 E라 하면 $\overline{AE}=\sqrt{2}$이다.

또한 $y=a^x$와 $y=\log_a x$는 서로 역함수 관계이다. 따라서 $\overline{DE}=\overline{BC}$이다.

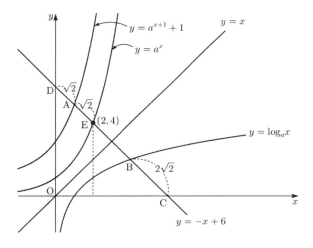

$\overline{DA}=t$라 하면 $\overline{DA}:\overline{AB}:\overline{BC}=1:3:2$에서 $\overline{AB}=3t$, $\overline{BC}=2t$이다.

따라서 $\overline{BC}=\overline{DE}=2t$이므로 $\overline{EB}=2t$

$\therefore\ \overline{AE}=\overline{AD}=t=\sqrt{2}$

$\therefore\ \overline{CD}=6t=6\sqrt{2}$

$\therefore\ k=6$

$\therefore\ \mathrm{D}\,(0,\ 6)$

따라서 A$(1,\ 5)$, E$(2,\ 4)$이다.

점 E가 $y=a^x$ 위의 점이므로 $a^2=4$에서 $a=2$이다.

그러므로 $a\times k=12$이다.

035.
정답_12

[그림 : 배용제T]

두 곡선 $y=\log_2 x$, $y=-\log_2 x+2a$은 $y=a$에 대칭이다.

$y=a$와 $y=\log_2 x$의 교점의 x좌표는 $\log_2 x=a$에서 $x=2^a$이다.

삼각형 ABC가 한 변의 길이가 $\dfrac{2^a}{\sqrt{3}}$인 정삼각형이므로 점 A에서 선분 BC에 내린 수선의 발을 D라 하면

$\overline{AD}=\dfrac{\sqrt{3}}{2}\times\dfrac{2^a}{\sqrt{3}}=2^{a-1}$

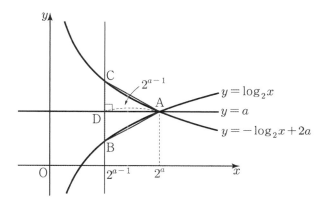

따라서 점 B와 점 C의 x좌표는 $2^a-2^{a-1}=2^{a-1}$이다.

$\therefore\ \mathrm{B}\left(2^{a-1},\ a-1\right)$, $\mathrm{C}\left(2^{a-1},\ a+1\right)$

따라서 정삼각형 ABC의 한 변의 길이는 2이다.

$\dfrac{2^a}{\sqrt{3}}=2$

$2^a=2\sqrt{3}$

$\therefore\ 4^a=12$

036.
정답 ②

[그림 : 강민구T]

$\overline{AC}:\overline{BC}=2:1$, $\overline{AD}=\overline{BC}$에서 양수 t에 대하여 점 B의 x좌표를 t라 하면 점 A의 x좌표는 $-2t$이고 점 D의 x좌표는 $-3t$이다.

두 점 A와 B는 곡선 $y=m\times 2^x$ 위의 점이므로 A$\left(-2t,\ m\times 2^{-2t}\right)$, B$\left(t,\ m\times 2^t\right)$이다.

두 점 A와 B에서 x축에 내린 수선의 발을 각각 A$'$, B$'$라 하면 $\triangle\mathrm{ADA}'\backsim\triangle\mathrm{BDB}'$이고 닮음비는 $1:4$이다.

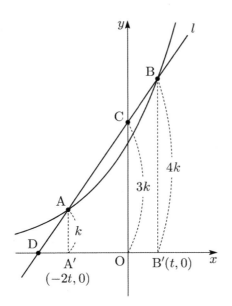

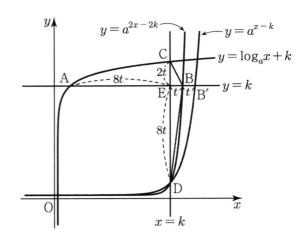

따라서 $\overline{AA'} : \overline{BB'} = 1 : 4$이므로

$m \times 2^{-2t} : m \times 2^{t} = 1 : 4$

$2^{t} = 4 \times 2^{-2t}$

$t = -2t + 2$

$\therefore\ t = \dfrac{2}{3}$

따라서 점 $D(-2, 0)$이므로 직선 l의 방정식은

$y = \dfrac{3}{2}x + 3$

$\overline{AA'} : \overline{CO} = 1 : 3$에서 점 C의 좌표가 $(0, 3m \times 2^{-2t})$에서

$3m \times 2^{-\frac{4}{3}} = 3$

$\therefore\ m = 2^{\frac{4}{3}}$

---

037. 정답_12

[그림 : 이정배T]

$a > 1$일 때,

직선 $y = k$와 $y = a^{x}$의 교점의 x좌표는 $x = \log_{a}k$이고

직선 $y = k$와 $y = a^{2x}$의 교점의 x좌표는 $x = \dfrac{1}{2}\log_{a}k$이다.

즉, y축$(x = 0)$을 기준으로 $y = a^{2x}$의 그래프는 $y = a^{x}$의 점들을 y축에서 거리가 $\dfrac{1}{2}$로 줄인 점들의 모임이라고 생각할 수 있다.

따라서 $y = a^{2x-2k}$는 $x = k$를 기준으로 $y = a^{x-k}$의 점들의 거리가 $\dfrac{1}{2}$인 점들의 모임이다.

$y = \log_{a}x + k$와 $y = a^{x-k}$는 역함수 관계이므로 다음 그림과 같이 $y = a^{x-k}$와 $y = k$의 교점을 B'라 하고 두 직선 AB와 CD의 교점을 E라 하면 $\overline{B'E} = \overline{CE}$,

$\overline{BE} = \dfrac{1}{2}\overline{B'E}$이다.

삼각형 BCD의 넓이가 5이므로 $\overline{BE} \times \overline{CD} = 10$이다.

$\overline{AB} \times \overline{CD} = 90$이므로 $\overline{AB} : \overline{BE} = 9 : 1$이다.

따라서

$\overline{AE} = 8t$, $\overline{BE} = t$, $\overline{CE} = 2t$라 할 수 있다.

$\overline{BE} \times \overline{CD} = 10$에서 $t \times 10t = 10$

$\therefore\ t = 1$

$D(k, 1)$이고 $E(k, k)$에서

$\therefore\ k = 1 + 8 = 9$

따라서 $C(k, 11) = C(9, 11)$

점 C는 곡선 $y = \log_{a}x + 9$위의 점이므로

$11 = \log_{a}9 + 9$

$\therefore\ a = 3$

따라서 $a + k = 3 + 9 = 12$

---

038. 정답_3

[그림 : 이정배T]

점 A를 구해보자.

$a^{x} - b = 0$

$a^{x} = b$

$x = \log_{a}b$

따라서 $A(\log_{a}b, 0)$

점 A를 $(1, 1)$에 대칭이동시킨 점이 B'이므로

$B'(2 - \log_{a}b, 2)$이다.

그러므로 점 $B(2, 2 - \log_{a}b)$이다.

점 B가 $y = f(x)$위의 점이므로 $a^{2} - b = 2 - \log_{a}b \cdots \bigcirc$

한편, 직선 AB의 방정식은

$$y = \frac{2 - \log_a b}{2 - \log_a b}(x - \log_a b) = x - \log_a b$$

따라서
$(1, 1)$에서 $x - y - \log_a b = 0$ 사이의 거리는

$$\frac{|1 - 1 - \log_a b|}{\sqrt{2}} = \frac{\sqrt{2}}{2}$$

$$|-\log_a b| = 1$$

$-\log_a b > 0$이므로

$$\log_a b = -1$$

$$\therefore b = \frac{1}{a}$$

㉠에 대입하면

$$a^2 - \frac{1}{a} = 2 + 1$$

$$a^3 - 3a - 1 = 0$$

그러므로 $\dfrac{3b}{a^2 - 3} = \dfrac{3ab}{a^3 - 3a} = \dfrac{3}{1} = 3$이다.

다른 풀이 - 정일권T
주어진 조건의 그래프는 다음과 같다.

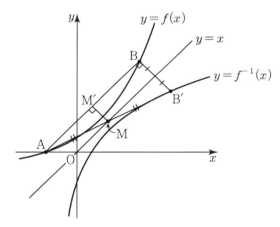

선분 AB′의 중점을 M, 점 M에서 선분 AB에 내린
수선의 발을 M′이라 하면 삼각형 ABB′의 삼각형의
중점연결정리에 의해 선분 AB의 기울기는 1, 선분
MM′의 기울기는 -1이고 점 M$(1, 1)$에서 선분 AB와의
거리가 $\dfrac{\sqrt{2}}{2}$이므로, M′$\left(\dfrac{1}{2}, \dfrac{3}{2}\right)$, $\overline{\text{BB}'} = \sqrt{2}$이다.
점 B(α, β)라 하면 B′(β, α)이고 선분 BB′ 기울기가
-1, $\overline{\text{BB}'} = \sqrt{2}$이므로

$$\alpha + 1 = \beta, \quad \beta - 1 = \alpha \Rightarrow \quad\quad \beta = \alpha + 1 \ \cdots\cdots\ ㉠$$

한편, 함수 $f(x)$의 x절편은 점 A$(\log_a b, 0)$이고 점 M′은
선분 AB의 중점이므로

$$\frac{\log_a b + \alpha}{2} = \frac{1}{2}, \quad \frac{0 + \beta}{2} = \frac{3}{2}$$

$$\beta = 3, \ \alpha = 2 \ (\because ㉠)$$

$$\therefore \text{B}(2, 3)$$

따라서 함수 $f(x)$에 점 B의 좌표를 대입하면

$$3 = a^2 - b, \ b = a^2 - 3$$

$$\therefore \frac{3b}{a^2 - 3} = \frac{3b}{b} = 3$$

039. 정답 ④

수 t에 대하여 점 A(t, a^t)라 하면 점 B$(-t, a^{-t})$이다.
곡선 $y = a^{x-b} - \dfrac{3}{2}$은 곡선 $y = a^x$를 x축의 방향으로

b만큼, y축의 방향으로 $-\dfrac{3}{2}$만큼 평행이동한 곡선이다.

이때 사각형 ABCD는 마름모이므로 두 선분 AB와 CD는
평행하고 길이가 같고 선분 BC의 중점이 y축 위에
있으므로 점 C의 x좌표는 t이어야 한다. 따라서 직선
AC는 y축에 평행해야 한다. 즉, 두 점 C, D는 각각 B,
A를 x축의 방향으로 b만큼, y축의 방향으로 $\dfrac{3}{2}$만큼

평행이동한 점이다.
따라서 $\overline{\text{AC}} = 3$이다.

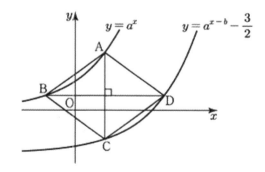

마름모 ABCD의 넓이는 $\dfrac{1}{2} \times \overline{\text{AC}} \times \overline{\text{BD}} = 6$

$$\therefore \overline{\text{BD}} = 4$$

따라서 $b = 2$이다.
점 C는 점 B$(-t, a^{-t})$를 x축의 방향으로 2만큼 y축의

방향으로 $-\dfrac{3}{2}$만큼 평행이동한 점이므로

C$\left(-t + 2, a^{-t} - \dfrac{3}{2}\right)$이다.

A(t, a^t)에서 $t = -t + 2$이므로 $t = 1$이고

$a^t - \left(a^{-t+2} - \dfrac{3}{2}\right) = 3$에서 $a - \dfrac{1}{a} = \dfrac{3}{2}$

$$2a^2 - 3a - 2 = 0$$

$$(2a + 1)(a - 2) = 0$$

$\therefore\ a=2$

그러므로 $a \times b = 4$

040.

정답_②

[그림 : 서태욱T]

곡선 $y = -f(x) + 6$은 함수 $f(x)$를 y축 대칭이동한 후
y축의 방향으로 6만큼 이동한 그래프이다. 따라서 곡선
$y = -f(x) + 6$과 y축이 만나는 점의 좌표는 $(0, 5)$이다.
함수 $g(x)$는 곡선 $y = -f(x) + 6$의 x축의 방향으로 3만큼
평행이동한 그래프이므로 점 A의 좌표는 $(3, 5)$이다.
점 $A(3, 5)$가 함수 $f(x)$ 위의 점이므로 $a^3 = 5$에서
$a = 5^{\frac{1}{3}}$이다.
따라서

$$g(x) = -5^{\frac{1}{3}(x-3)} + 6$$

$$g(0) = -\frac{1}{5} + 6 = \frac{29}{5}$$

$$\therefore\ C\left(0, \frac{29}{5}\right)$$

$$\overline{BC} = \frac{29}{5} - 1 = \frac{24}{5}$$

따라서 삼각형 ABC의 넓이는 $\frac{1}{2} \times \frac{24}{5} \times 3 = \frac{36}{5}$

041.

정답_②

[그림 : 배용제T] [검토자 : 최병길T]

두 함수 $y = \tan\frac{\pi x}{2}$, $y = a\cos\frac{\pi x}{2}$ $(a > 0)$는 모두
$(1, 0)$에 대칭이므로 직선 AB는 $(1, 0)$을 지난다.
점 A에서 x축에 내린 수선의 발을 C,
점 B에서 x축에 내린 수선의 발을 D라 하면
$\overline{AC} = \overline{BD}$이다.
따라서 $E(1, 0)$이라 할 때, 삼각형 OAB의 넓이는 삼각형
OAE의 넓이의 2배다.

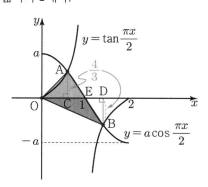

$$\triangle OAE = \frac{1}{2} \times 1 \times \overline{AC} = \frac{2}{3}$$

$$\therefore\ \overline{AC} = \frac{4}{3}$$

점 C의 x좌표를 t라 할 때, $\overline{AC} = \tan\frac{\pi t}{2} = \frac{4}{3}$

따라서 $\cos\frac{\pi t}{2} = \frac{3}{5}$이다.

$\overline{AC} = a\cos\frac{\pi t}{2} = \frac{4}{3}$에서 $a = \frac{4}{3} \times \frac{5}{3} = \frac{20}{9}$

042.

정답_③

[출제자 : 오세준T] [검토자 : 백상민T]

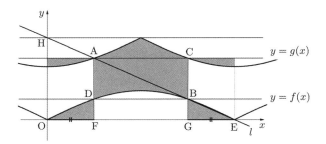

두 곡선 $y = f(x)$, $y = g(x)$의 주기는 $\frac{2\pi}{\frac{1}{2}} = 4\pi$이므로 점

$E(2\pi, 0)$

직선 l과 y축과의 교점을 H라 하면 $H(0, a)$

직선 l의 기울기가 $-\frac{\sqrt{2}}{\pi}$이므로 $-\frac{\sqrt{2}}{\pi} = \frac{-a}{2\pi}$

$\therefore\ a = 2\sqrt{2}$

$0 \leq x \leq 2\pi$에서

$y = f(x) = \sin\frac{1}{2}x$이고

$y = g(x)$
$$= -\left| -\sin\left(\frac{\pi}{2} - \frac{1}{2}x\right) \right| + 2\sqrt{2}$$
$$= -\left| -\cos\frac{1}{2}x \right| + 2\sqrt{2}$$
$$= \begin{cases} -\cos\frac{1}{2}x + 2\sqrt{2} & (0 \leq x \leq \pi) \\ \cos\frac{1}{2}x + 2\sqrt{2} & (\pi < x \leq 2\pi) \end{cases}$$

$\overline{OF} = \overline{EG}$이므로 두 점 H, A의 기울기와 두 점 B, E의
기울기는 같다.
점 A의 x좌표를 p라 하면 점 G의 x좌표는 $2\pi - p$이고
$H(0, 2\sqrt{2})$, $A\left(p, -\cos\frac{1}{2}p + 2\sqrt{2}\right)$,

$B\left(2\pi-p,\ \sin\dfrac{1}{2}(2\pi-p)\right)$, $E(2\pi,\ 0)$이므로

$$\dfrac{-\cos\dfrac{1}{2}p+2\sqrt{2}-2\sqrt{2}}{p-0}=\dfrac{0-\sin\dfrac{1}{2}(2\pi-p)}{2\pi-(2\pi-p)}$$

$$\dfrac{-\cos\dfrac{1}{2}p}{p}=\dfrac{-\sin\dfrac{1}{2}p}{p},\ \cos\dfrac{1}{2}p=\sin\dfrac{1}{2}p$$

$$\therefore\ p=\dfrac{\pi}{2}\ (\because\ 0<p<\pi)$$

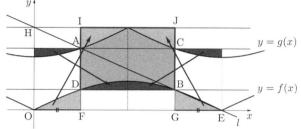

위 그림과 같이 구하는 넓이는 사각형 IDBJ의 넓이와 같다.

$\overline{DB}=\pi$, $\overline{ID}=2\sqrt{2}-\dfrac{\sqrt{2}}{2}=\dfrac{3\sqrt{2}}{2}$이므로 구하는 넓이는

$\dfrac{3\sqrt{2}}{2}\pi$이다.

043. 정답_③

[출제자 : 이호진T] [수정 : 도정영T]

A의 좌표를 $(\alpha,\ \sin\alpha)$라 하자.

$y=k\tan x$, $y=\sin x$ 모두 $B(\pi,\ 0)$에 대칭이므로 점 A와 점 C 역시 점 B에 대칭이다.

따라서 C의 좌표는 $(2\pi-\alpha,\ -\sin\alpha)$이다.

$\overline{PQ}=2\sin\alpha$, $\overline{AP}=\alpha$, $\overline{CQ}=2\pi-\alpha$ 이므로 사다리꼴 PACQ의 넓이는

$\dfrac{1}{2}\times\overline{PQ}\times(\overline{AP}+\overline{CQ})=2\pi\sin\alpha=\sqrt{3}\pi$에서

$\sin\alpha=\dfrac{\sqrt{3}}{2}$

그러므로 $\alpha=\dfrac{\pi}{3}$

[다른 풀이]-도정영T

A의 좌표를 $(\alpha,\ \sin\alpha)$라 하면

$k\tan\alpha=\sin\alpha$로부터 $\cos\alpha=k$이고,

$\sin\alpha=\sqrt{1-k^2}$이다.

또한, 점 B의 좌표가 $(\pi,\ 0)$이고, C의 좌표는 $(2\pi-\alpha,\ -\sin\alpha)$이므로 사다리꼴의 넓이는

$2\sqrt{1-k^2}\pi$이고, $k=\dfrac{1}{2}$이다.

따라서 $\cos\alpha=\dfrac{1}{2}$이므로 $\alpha=\dfrac{\pi}{3}$

044. 정답_⑤

두 곡선 $y=f(x)$와 $y=g(x)$이 만나는 점의 x좌표는 방정식

$\sin x=k\cos x$의 해와 같다.

따라서

방정식 $\tan x=k$의 $0<x<\dfrac{\pi}{2}$의 해를 α라 하면

$\tan\alpha=k$이고

A, B, C, D의 x좌표는 각각

α, $\pi+\alpha$, $2\pi+\alpha$, $3\pi+\alpha$이다.

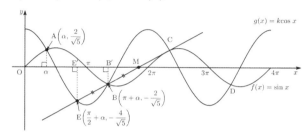

$f(\pi+\alpha)=\sin(\pi+\alpha)=-\sin\alpha$,

$f(2\pi+\alpha)=\sin(2\pi+\alpha)=\sin\alpha$이므로

두 점 B, C의 중점을 M이라 할 때, 점 M은 x축 위의 점이다.

점 B에서 x축에 내린 수선의 발을 B′라 하고 점 E에서 x축에 내린 수선의 발을 E′라 하자.

$\overline{AB}=\overline{BC}$이고 $\overline{CE}=\dfrac{3}{2}\overline{AB}$에서 $\overline{CE}=\dfrac{3}{2}\overline{BC}$이다.

따라서 $\overline{BE}=\overline{BM}$이다.

그러므로 $\overline{E'B'}=\overline{B'M}$

$\therefore\ E'\left(\dfrac{\pi}{2}+\alpha,\ 0\right)$

또한 $\overline{E'E}=2\overline{B'B}$이므로 $g\left(\dfrac{\pi}{2}+\alpha\right)=2g(\pi+\alpha)$

$k\cos\left(\dfrac{\pi}{2}+\alpha\right)=2k\cos(\pi+\alpha)$

$\sin\alpha=2\cos\alpha$

$\therefore\ \tan\alpha=2$

그러므로 $k=2$이다.

$\tan\alpha=2$에서 $\sin\alpha=\dfrac{2}{\sqrt{5}}$, $\cos\alpha=\dfrac{1}{\sqrt{5}}$이다.

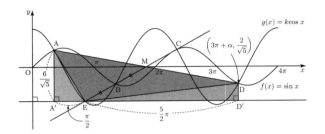

따라서 $A\left(\alpha,\ \dfrac{2}{\sqrt{5}}\right)$, $E\left(\dfrac{\pi}{2}+\alpha,\ -\dfrac{4}{\sqrt{5}}\right)$,

$D\left(3\pi+\alpha,\ -\dfrac{2}{\sqrt{5}}\right)$

두 점 A, D에서 직선 $y=-\dfrac{4}{\sqrt{5}}$에 내린 수선의 발을 A′,
D′라 하자.
삼각형 ADE의 넓이는 사다리꼴 AA′D′D의 넓이에서 두
직각삼각형 AA′E, DED′의 넓이를 빼면 된다.
(사다리꼴 AA′D′D의

넓이)$=\dfrac{1}{2}\times\left(\dfrac{6}{\sqrt{5}}+\dfrac{2}{\sqrt{5}}\right)\times 3\pi=\dfrac{12\pi}{\sqrt{5}}$

(직각삼각형 AA′E의 넓이)$=\dfrac{1}{2}\times\dfrac{6}{\sqrt{5}}\times\dfrac{\pi}{2}=\dfrac{3\pi}{2\sqrt{5}}$

(직각삼각형 ED′D의 넓이)$=\dfrac{1}{2}\times\dfrac{2}{\sqrt{5}}\times\dfrac{5\pi}{2}=\dfrac{5\pi}{2\sqrt{5}}$

따라서
(삼각형 ADE의

넓이)$=\dfrac{12\pi}{\sqrt{5}}-\left(\dfrac{3\pi}{2\sqrt{5}}+\dfrac{5\pi}{2\sqrt{5}}\right)=\dfrac{12\pi}{\sqrt{5}}-\dfrac{4\pi}{\sqrt{5}}=\dfrac{8\pi}{\sqrt{5}}$

$=\dfrac{8\sqrt{5}}{5}\pi$

이다.

045. 정답_③

[그림 : 최성훈T]

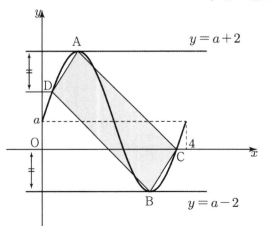

함수 $f(x)$의 주기가 $2\pi\times\dfrac{2}{\pi}=4$이고 최댓값이 $2+a$,

최솟값이 $-2+a$이므로 점 $A(1,\ a+2)$, 점
$B(3,\ -2+a)$이다. 사각형 ADBC가 평행사변형이고 점
B에서 x축까지의 거리가 $2-a$이므로 점 A에서 점 D를
지나고 x축에 평행한 직선까지의 거리도 $2-a$이다.
따라서 점 D의 y좌표는 $(a+2)-(2-a)=2a$이다.
……㉠
선분 BD를 1 : 4로 내분하는 점은 x축 위에 있으므로 두
점 B, D의 y좌표의 1 : 4로 내분하는 점의 y좌표가
0이다.

$\dfrac{4\times(-2+a)+2a}{5}=0$

$6a=8$에서 $a=\dfrac{4}{3}$이다.

랑데뷰 팁 - ㉠설명 정찬도T
평행사변형의 성질(두 대각선의 중점이 일치)을 이용하면,
대각선 AB와 대각선 CD 의 중점이 일치하므로
AB 의 중점의 y좌표가 a이고, 점 C 는 x축 위의
점이므로 점 D 의 y좌표는 $2a$이다.

046. 정답_②

[그림 : 이정배T]

구간 $(0,\ 2b)$에서 곡선 $y=a\cos\left(\dfrac{\pi}{b}x\right)$의 주기가 $2b$이다.

점 A를 지나는 두 직선의 기울기 곱이 -1이므로

$\angle OAB=\dfrac{\pi}{2}$이다.

점 A에서 x축에 내린 수선의 발을 H라 하고
$\angle AOH=\theta$라 하자.
$\tan\theta=\sqrt{2}$이고, $\angle OBA=\theta$이므로 삼각형 OAB에서
$\overline{OA}=t$라 하면 $\overline{AB}=\sqrt{2}\,t$이고

삼각형 OAB의 넓이가 $\dfrac{3\sqrt{2}}{2}$이므로

$\dfrac{1}{2}\times t\times\sqrt{2}\,t=\dfrac{3\sqrt{2}}{2}$

$t^2=3$

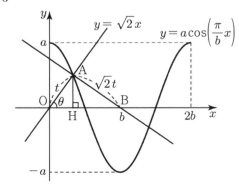

한편 삼각형 OAB에서 피타고라스 정리를 적용하면

$t^2 + (\sqrt{2}\,t)^2 = b^2$에서 $b^2 = 3t^2 = 9$

$\therefore b = 3$

한편 삼각형 AOH에서 $\overline{OA} = \sqrt{3}$이므로 $\overline{OH} = 1$,

$\overline{AH} = \sqrt{2}$이다.

$\therefore$ A$\left(1, \sqrt{2}\right)$

점 A는 $y = a\cos\left(\dfrac{\pi}{3}x\right)$의 점이므로 $\sqrt{2} = \dfrac{a}{2}$이다.

$\therefore a = 2\sqrt{2}$

그러므로 $a \times b = 6\sqrt{2}$

047.

정답_④

[출제자 : 김진성T] [수정 : 도정영T]

주기$= \dfrac{2\pi}{\dfrac{n}{5}\pi} = \dfrac{10}{n}$이므로 A$\left(\dfrac{5}{2n}, 1\right)$, B$\left(\dfrac{15}{2n}, -1\right)$이다.

이때 $\angle OAB < \dfrac{\pi}{2}$가 되기 위해서는

$\overline{OA}^2 + \overline{AB}^2 > \overline{OB}^2$이면 된다.

$\dfrac{25}{4n^2} + 1 + \dfrac{100}{4n^2} + 4 > \dfrac{225}{4n^2} + 1$에서 $4 > \dfrac{100}{4n^2}$

즉, $n > \dfrac{5}{2}$이다.

따라서 가능한 자연수는 $n = 3, 4, \cdots, 8$이고 n의 값의

합은 $\dfrac{6(3+8)}{2} = 33$

048.

정답_②

[출제자 : 김수T]

삼각함수 $y = 4\cos 3x + 2$는 주기가 $\dfrac{2}{3}\pi$, 최댓값이 6,

최솟값이 -2이므로 $0 \le x < 2\pi$일 때, 곡선

$y = |4\cos 3x + 2|$는 다음과 같다.

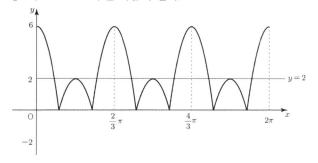

따라서 $0 \le x < 2\pi$일 때, 곡선 $y = |4\sin 3x + 2|$와 직선

$y = 2$가 만나는 서로 다른 점의 개수는 9

$0 \le x < 2\pi$일 때, $0 \le 3x < 6\pi$이므로

$4\cos 3x + 2 = 2$에서 $\cos 3x = 0$ 이 때, 가장 작은 근은

$3x = \dfrac{\pi}{2}$, $m = \dfrac{\pi}{6}$

가장 큰 근은 $2\pi - \dfrac{\pi}{6} = \dfrac{11}{6}\pi$, $M = \dfrac{11}{6}\pi$

$\therefore \dfrac{k(M-m)}{\pi} = \dfrac{9\left(\dfrac{11}{6}\pi - \dfrac{\pi}{6}\right)}{\pi} = 15$

049.

정답_②

[그림 : 최성훈T]

$\sin^2 x = 1 - \cos^2 x$이므로

$\sin^2 x + a\cos x + b - 1$

$= 1 - \cos^2 x + a\cos x + b - 1$

$= -\cos^2 x + a\cos x + b = 0$

$\cos^2 x - a\cos x - b = 0 \cdots \text{⊙}$

$f(x) = x^2 - ax - b$, $g(x) = \cos x$라 할 때,

⊙은 방정식 $f(g(x)) = 0$와 같다.

방정식 $f(g(x)) = 0$의 모든 해의 합이 3π이므로

이차방정식 $f(x) = 0$은 $x = -1$과 $x = \alpha$ $(-1 < \alpha \le 1)$을

두 실근으로 가져야 한다.

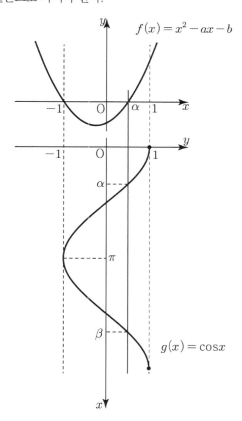

$f(-1) = 1 + a - b = 0$

$b = a+1$

$f(x) = x^2 - ax - a - 1$

이차함수의 축의 방정식이 $x = \dfrac{a}{2}$

$-1 < \dfrac{a}{2} < 1$

$-2 < a < 2 \cdots \text{ⓛ}$

$f(1) \geq 0$에서 $f(1) = 1 - a - a - 1 \geq 0$

$-2a \geq 0$

$a \leq 0 \cdots \text{ⓒ}$

ⓛ, ⓒ에서

$-2 < a \leq 0$

$a + b = a + a + 1 = 2a + 1$이므로

$-3 < 2a + 1 \leq 1$에서 $a+b$의 최댓값은 1이다.

050.

$\cos^2 x = 1 - \sin^2 x$에서

$3\cos^2 x + 4\sin x = k$

$3(1 - \sin^2 x) + 4\sin x = k$

$3\sin^2 x - 4\sin x - 3 + k = 0$

$f(x) = 3x^2 - 4x - 3 + k$, $g(x) = \sin x$라 하면

$f(g(x)) = 0$의 해와 같다.

$f(g(x)) = 0$의 해의 개수가 3이기 위해서는 $f(1) = 0$이다.

$f(1) = 3 - 4 - 3 + k = 0$

$\therefore k = 4$

$3x^2 - 4x + 1 = 0$

$(3x - 1)(x - 1) = 0$

$x = \dfrac{1}{3}$ 또는 $x = 1$

$f(x) = 3x^2 - 4x + 1$, $g(x) = \sin x$의 그래프는 다음과 같다.

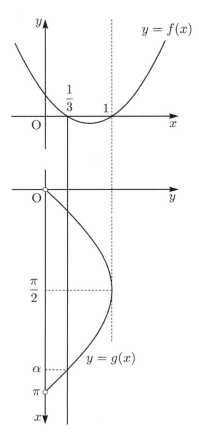

따라서 $\sin\alpha = \dfrac{1}{3}$

$\alpha > \dfrac{\pi}{2}$이므로 $\cos\alpha = -\dfrac{2\sqrt{2}}{3}$이다.

그러므로 $k \times \cos\alpha = -\dfrac{8\sqrt{2}}{3}$

051.

정답_⑤

[출제자 : 김수T] [그림 : 이호진T]

함수 $y = \cos(n\pi x)$의 주기는 $\dfrac{2\pi}{n\pi} = \dfrac{2}{n}$

(i) $0 \le x < 2$, 즉 $n = 1$일 때, $f(x) = \cos(\pi x)$이다.

방정식 $2f(x) - \sqrt{3} = 0$에서 $\cos(\pi x) = \dfrac{\sqrt{3}}{2}$

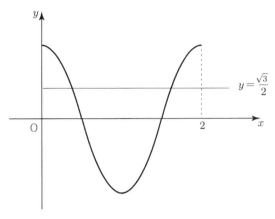

$0 \le x < 2$에서 방정식 $\cos(\pi x) = \dfrac{\sqrt{3}}{2}$의 실근 중 가장 작은 것이 α이므로

$\alpha = \dfrac{1}{6}$

(ii) $6 \le x < 8$, 즉 $n = 4$일 때, $f(x) = \cos(4\pi x)$이다.

방정식 $2f(x) - \sqrt{3} = 0$에서 $\cos(4\pi x) = \dfrac{\sqrt{3}}{2}$

$6 \le x < 8$에서 방정식 $\cos(4\pi x) = \dfrac{\sqrt{3}}{2}$의 실근 중 가장 큰 것이 β이므로

$\beta = 8 - \dfrac{1}{24} = \dfrac{191}{24}$

(i), (ii)에서 $\alpha + \beta = \dfrac{1}{6} + \dfrac{191}{24} = \dfrac{195}{24} = \dfrac{65}{8}$

052.

정답_③

[그림 : 최성훈T]

(가)에서 $f(3\pi) = 2$이다.

$f(3\pi) = |3a \times (-1) + a| = 2$

$\therefore a = 1$

다음 그림과 같이 함수 $f(x)$의 주기는 $\dfrac{2\pi}{b}$이고

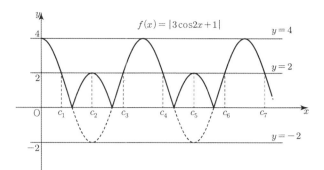

$c_7 - c_1 = 2 \times \dfrac{2\pi}{b}$, $c_5 - c_2 = \dfrac{2\pi}{b}$

(나)에서 $\dfrac{6\pi}{b} = 3\pi$

$\therefore b = 2$

따라서 $f(x) = |3\cos(2x) + 1|$

$f\left(\dfrac{5}{6}\pi\right) = \left|3 \times \dfrac{1}{2} + 1\right| = \dfrac{5}{2}$

053.

정답_3

[그림 : 이정배T]

그림과 같이

$P_1\left(\dfrac{\pi}{6b}, a\right)$, $P_2\left(\dfrac{5\pi}{6b}, a\right)$, $Q_1\left(\dfrac{7\pi}{6b}, 0\right)$, $Q_2\left(\dfrac{11\pi}{6b}, 0\right)$이고

사각형 $P_1Q_1Q_2P_2$은 평행사변형이다.

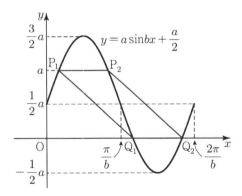

따라서 $P_1Q_1Q_2P_2$의 넓이는

$\left(\dfrac{5\pi}{6b} - \dfrac{\pi}{6b}\right) \times a = \pi$

$\therefore \dfrac{2a}{3b} = 1 \cdots \text{⊙}$

직선 P_2Q_1의 기울기는

$\dfrac{-a}{\dfrac{2\pi}{6b}} = -\dfrac{18}{\pi}$

$\therefore ab = 6 \cdots \text{⊙}$

⊙, ⊙에서 $a = 3$, $b = 2$이다.

따라서 $f(x) = 3\sin 2x + \dfrac{3}{2}$

$f\left(\dfrac{5}{12}\pi\right)=3\sin\left(\dfrac{5\pi}{6}\right)+\dfrac{3}{2}=3$

[랑데뷰팁]

삼각함수 비율을 이용하면 점의 좌표를 좀 더 쉽게 구할 수 있다.

054.

정답_⑤

[그림 : 이호진T]

$y=\tan(\sqrt{3}\pi x)$의 주기는 $\dfrac{\pi}{\sqrt{3}\pi}=\dfrac{\sqrt{3}}{3}$이다.

사각형 ABCD가 마름모이고 한 내각의 크기가 $\dfrac{\pi}{3}$이므로

마름모의 대각선 중 짧은변으로 마름모를 나누면 두 정삼각형이 된다.

그림과 같이 직선 AB가 x축과 평행할 때,

점 A의 x좌표를 a라 하면 B의 x좌표는 $a+\dfrac{\sqrt{3}}{3}n$이고

점 D의 x좌표는 $a+\dfrac{\sqrt{3}}{6}n$이다.

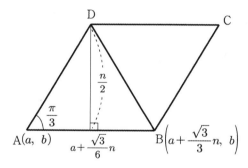

따라서 마름모의 한 변의 길이는 $\dfrac{\sqrt{3}}{3}n$이므로 정삼각형의

높이는 $\dfrac{\sqrt{3}}{2}\times\dfrac{\sqrt{3}}{3}n=\dfrac{n}{2}$이다. …㉠

두 점 A, B의 y좌표를 각각 b라 하면

$\tan(\sqrt{3}\pi a)=b$이다.

두 점 C, D의 y좌표는 $\tan\left\{\sqrt{3}\pi\left(a+\dfrac{\sqrt{3}}{6}n\right)\right\}$이고

$\tan\left\{\sqrt{3}\pi\left(a+\dfrac{\sqrt{3}}{6}n\right)\right\}$

$=\tan\left(\sqrt{3}\pi a+\dfrac{n}{2}\pi\right)$

$=\begin{cases}\tan(\sqrt{3}\pi a) & (n:\text{짝수}) \\ -\dfrac{1}{\tan(\sqrt{3}\pi a)} & (n:\text{홀수})\end{cases}$

$=\begin{cases}b & (n:\text{짝수}) \\ -\dfrac{1}{b} & (n:\text{홀수})\end{cases}$

$\tan\left\{\sqrt{3}\pi\left(a+\dfrac{\sqrt{3}}{6}n\right)\right\}\neq b$이므로

$\tan\left\{\sqrt{3}\pi\left(a+\dfrac{\sqrt{3}}{6}n\right)\right\}=-\dfrac{1}{b}$이다.

조건 (다)에서 $2b-\dfrac{2}{b}=3$

$2b^2-3b-2=0$

$(2b+1)(b-2)=0$

$b=-\dfrac{1}{2}$ 또는 $b=2$

(i) $b=-\dfrac{1}{2}$일 때, $-\dfrac{1}{b}=2$이므로

마름모의 높이는 $2-\left(-\dfrac{1}{2}\right)=\dfrac{5}{2}$이다.

㉠에서 $\dfrac{n}{2}=\dfrac{5}{2}$이므로 $n=5$이다.

따라서 마름모의 한 변의 길이는 $\dfrac{5\sqrt{3}}{3}$이므로 마름모의

넓이는 $\dfrac{5\sqrt{3}}{3}\times\dfrac{5}{2}=\dfrac{25\sqrt{3}}{6}$이다.

(ii) $b=2$일 때, $-\dfrac{1}{b}=-\dfrac{1}{2}$이므로 결과는 같다.

(i), (ii)에서 마름모의 넓이는 $\dfrac{25\sqrt{3}}{6}$이다.

055.

정답_④

$-a\leq f(x)\leq a$이므로

조건 (가)에 의해 $a=2$이고

$\sin\left(b\times\dfrac{2}{3}\pi-\dfrac{5}{6}\pi\right)=1$ …①

조건 (나)에 의해서

$\sin\left(b\times\dfrac{11}{12}\pi-\dfrac{5}{6}\pi\right)=0$ …②

①, ②에서

$\left(b\times\dfrac{11}{12}\pi-\dfrac{5}{6}\pi\right)-\left(b\times\dfrac{2}{3}\pi-\dfrac{5}{6}\pi\right)=b\times\dfrac{\pi}{4}=\dfrac{\pi}{2},\pi+\dfrac{\pi}{2},2\pi+\dfrac{\pi}{2},\cdots$

이므로

b의 값은 2, 6, 10, 14, …

이 중 ②를 만족시키는 값은

2, 14, 26, 38, …

그러므로 함수 $f(x)$는

$b=2$일 때 주기 π

$b=14$일 때 주기 $\dfrac{\pi}{7}$

$b=26$일 때 주기 $\dfrac{\pi}{13}$

…

에서 $m=14$

또한 $f(x) = 2\sin\left(14x - \dfrac{5}{6}\pi\right) = 0$에서

$14x - \dfrac{5}{6}\pi = 0,\ \pi,\ 2\pi,\ \cdots$

$x = \dfrac{5}{84}\pi,\ \dfrac{11}{84}\pi,\ \dfrac{17}{84}\pi,\ \cdots,$

그러므로

$c = \dfrac{5}{84}\pi$

그러므로 $\dfrac{a \times m \times c}{\pi} = \dfrac{2 \times 14 \times 5\pi}{84\pi} = \dfrac{5}{3}$

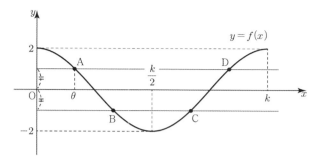

A의 x좌표를 $\theta \left(0 < \theta < \dfrac{k}{4}\right)$라 하자. 삼각함수의
주기성과 대칭성을 이용하여 정리해보자.

i) C, D 의 x좌표가 각각 α, β일 때,

$\alpha = \dfrac{k}{2} + \theta$, $\beta = k - \theta$ 이므로 $\alpha - \beta = -\dfrac{k}{2} + 2\theta$,

$f(\alpha - \beta) = f\left(-\dfrac{k}{2} + 2\theta\right) = f\left(\dfrac{k}{2} + 2\theta\right) = -f(2\theta)$

$f(\alpha) - f(\beta) = f\left(\dfrac{k}{2} + \theta\right) - f(k - \theta) = -f(\theta) - f(\theta)$

$= -2f(\theta)$

조건 (나)를 만족하기 위해서는 $f(2\theta) = 2f(\theta)$을

만족해야 한다. 그런데 그래프에서 $0 \le 2\theta \le \dfrac{k}{2}$에서

$f(x)$는 감소함수이므로 $f(2\theta) = 2f(\theta)$를 만족할 수

없다.

ii) B, D 의 x좌표가 각각 α, β일 때,

$\alpha = \dfrac{k}{2} - \theta$, $\beta = k - \theta$ 이므로 $\alpha - \beta = -\dfrac{k}{2}$

$f(\alpha - \beta) = f\left(-\dfrac{k}{2}\right) = -2$

$f(\alpha) - f(\beta) = f\left(\dfrac{k}{2} - \theta\right) - f(k - \theta) = -f(\theta) - f(\theta)$

$= -2f(\theta)$

조건 (나)를 만족시키기 위해서는 $f(\theta) = 1$, 즉

$2\cos\dfrac{2\pi\theta}{k} = 1$ 이므로 $\dfrac{2\pi\theta}{k} = \dfrac{\pi}{3}$

따라서 $\theta = \dfrac{k}{6}$이고 $\alpha = \dfrac{k}{2} - \theta = \dfrac{k}{3}$,

$\beta = k - \theta = \dfrac{5}{6}k$이다.

$\therefore\ \dfrac{\beta}{\alpha} = \dfrac{5}{2}$

056. 정답_③

$y = f(x)$가 x축과 $(2, 0)$, $(8, 0)$에서 만나므로 함수
$f(x)$의 주기가 6의 양의 약수이다.

따라서 $\dfrac{\pi}{b\pi} = 6$에서 $b = \dfrac{1}{6}$이다.

$y = f(x)$와 두 직선 $y = c$, x축으로 둘러싸인 부분의
넓이가 18이므로 $6 \times c = 18$에서 $c = 3$

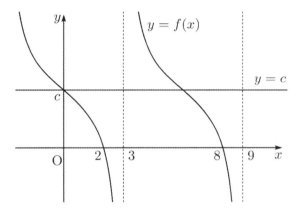

$f(x) = a\tan\dfrac{\pi}{6}x + 3$

$f(2) = 0$이므로 $f(0) = \sqrt{3}\,a + 3 = 0$

$\therefore\ a = -\sqrt{3}$

따라서

$a^2 \times b \times c = 3 \times \dfrac{1}{6} \times 3 = \dfrac{3}{2}$

057. 정답_⑤

[출제자 : 최성훈T]

$0 \le \alpha < \beta \le k$이고 조건 (가)에서 $f(\alpha) + f(\beta) = 0$,

$\dfrac{\alpha + \beta}{2} > \dfrac{k}{2}$ 이므로 α, β 는 각각 B, D 의 x좌표 또는 C,

D 의 x좌표이다.

058.

$$f(x) = 2\sin\frac{\pi}{4}x + \left|\sin\frac{\pi}{4}x\right|$$

$$= \begin{cases} 3\sin\frac{\pi}{4}x & \left(\sin\frac{\pi}{4}x \geq 0\right) \\ \sin\frac{\pi}{4}x & \left(\sin\frac{\pi}{4}x < 0\right) \end{cases}$$

다음 그림과 같이 두 방정식 $f(x) = \frac{3}{2}$, $f(x) = -\frac{1}{2}$ 의

$-24 \leq x \leq 24$일 때 모든 실근의 합 $a+b=0$이다.

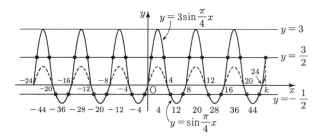

따라서

$f(x) = \frac{3}{2}$ 에서 $x > 24$인 근이 추가되면 $a+b > 0$을

만족시킨다.

$$3\sin\frac{\pi}{4}x = \frac{3}{2}$$

$$\sin\frac{\pi}{4}x = \frac{1}{2} = \sin\left(2n\pi + \frac{\pi}{6}\right)$$

$\frac{\pi}{4}x = \frac{\pi}{6}$ 에서 $x = \frac{2}{3}$ 이므로

따라서 $k = 24 + \frac{2}{3} = \frac{74}{3}$

$$k \geq \frac{74}{3}$$

$p = 3$, $q = 74$

$p + q = 3 + 74 = 77$

059.

$\{x \mid 0 \leq x \leq 8\}$에서 함수 $f(x)$가 감소함수이거나

증가함수이면 조건 (가)를 만족시키지 않는다. 즉, 함수

$f(x)$의 최댓값이 a이거나 최솟값이 $-a$이다.

조건 (나)에서 $\sqrt{3} < |-2|$이고 $a > 0$이므로 $a = 2$이다.

$$f(x) = 2\cos\left(bx + \frac{\pi}{4}\right)$$

$f(0) = 2\cos\frac{\pi}{4} = \sqrt{2}$ 이고 최댓값이 $\sqrt{3}$에서

$\sqrt{2} < \sqrt{3}$ 이므로

$f(8) = \sqrt{3}$ 이어야 한다.

따라서 $f(8) = 2\cos\left(8b + \frac{\pi}{4}\right) = \sqrt{3}$

$$\cos\left(8b + \frac{\pi}{4}\right) = \frac{\sqrt{3}}{2}$$

$$8b + \frac{\pi}{4} = \frac{11}{6}\pi$$

$$8b = \frac{22-3}{12}\pi = \frac{19}{12}\pi$$

$$\therefore\ b = \frac{19}{96}\pi$$

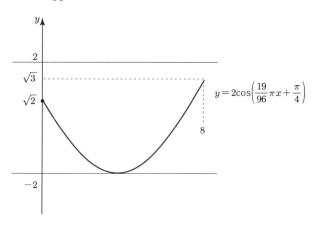

$$f(x) = 2\cos\left(\frac{19}{96}\pi x + \frac{\pi}{4}\right)$$

$a \times b = 2 \times \frac{19}{96}\pi = \frac{19}{48}\pi$

$p = 48$, $q = 19$

$p + q = 67$

060.

$y = \cos x$는

$x = \pi$일 때, $y = -1$

$x = 2\pi$일 때, $y = 1$

을 갖는다.

닫힌구간 $[\pi, 2\pi]$에서 함수 $y = \cos kx$의 최솟값이 -1이

아니기 위해서는 $k > 0$일 때, $\frac{\pi}{k}$가 함수 $\cos x$의 주기의

$\frac{1}{2}$인 π보다 작아야 한다. 또한 최댓값이 1이기 위해서는

$\frac{2\pi}{k}$는 함수 $\cos kx$의 주기의 $\frac{1}{2}$인 π보다 커야 한다.

즉, $\frac{\pi}{k} < \pi$, $\frac{2\pi}{k} > \pi$

$\therefore\ 1 < k < 2$

또한 $\cos(-x) = \cos x$이므로 조건을 만족하는 양수 k을

구하면 $-k$가 가능한 k의 값이 된다. $\cdots\ \boxdot$

(i) $x = \pi$에서 최솟값 $-\dfrac{\sqrt{3}}{2}$을 가질 때,

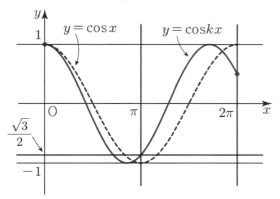

$k\pi = \pi + \dfrac{\pi}{6} = \dfrac{7}{6}\pi$이므로 $k = \dfrac{7}{6}$

(ii) $x = 2\pi$에서 최솟값 $-\dfrac{\sqrt{3}}{2}$을 가질 때,

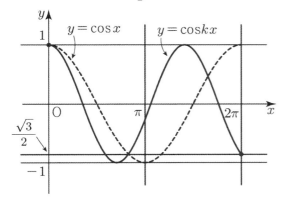

$2k\pi = 3\pi - \dfrac{\pi}{6} = \dfrac{17}{6}\pi$이므로 $k = \dfrac{17}{12}$

(i), (ii)와 ㉠에서

$k_1 = -\dfrac{17}{12}$, $k_2 = -\dfrac{7}{6}$, $k_3 = \dfrac{7}{6}$, $k_4 = k_n = \dfrac{17}{12}$이다.

그러므로

$60 \times (k_n - k_2)$

$= 60\left\{\dfrac{17}{12} - \left(-\dfrac{7}{6}\right)\right\}$

$= 60 \times \dfrac{31}{12} = 155$

061.   정답_86

[출제자 : 정일권T] [검토자 : 서영만T]

사각형 ABCD가 원에 내접하고 (가) 조건에 의해 사각형 ABCD은 등변사다리꼴이다.

$\overline{AD} = x$, $\overline{BC} = y$, $\overline{BD} = z$, $\angle ADB = \theta$, $\angle DBC = \theta$라 하면 삼각형 ABD, 삼각형 BCD의 코사인법칙에 의해

$\cos\theta = \dfrac{x^2 + z^2 - 4}{2xz} = \dfrac{y^2 + z^2 - 4}{2yz}$

$y(x^2 + z^2 - 4) = x(y^2 + z^2 - 4)$

$xy(x - y) - z^2(x - y) + 4(x - y) = 0$

$(x - y)(xy - z^2 + 4) = 0$

$\overline{BD} = z = 5$, $(\because y > x,\ xy = 21)$ $\cdots$(※)

조건 (다)에 의해 $\angle BDC = \alpha$라 하면

$\triangle BCD = \dfrac{3}{2}\sqrt{11} = \dfrac{1}{2} \times 2 \times 5 \times \sin\alpha$ $\left(0 < \alpha < \dfrac{\pi}{2}\right)$

$\sin\alpha = \dfrac{3\sqrt{11}}{10}$, $\cos\alpha = \dfrac{1}{10}$

삼각형 BCD의 코사인법칙에 의해

$y^2 = 5^2 + 2^2 - 2 \times 5 \times 2 \times \dfrac{1}{10}$

$y = 3\sqrt{3}$

삼각형 BCD의 사인법칙에 의해

$\dfrac{3\sqrt{3}}{\sin\alpha} = 2R$ (삼각형 BCD의 외접원의 반지름의

길이$= R$)

$R = \dfrac{5\sqrt{3}}{\sqrt{11}}$

삼각형 △ABC와 삼각형 BCD의 외접원이 같으므로

(삼각형 ABC 외접원의 넓이)$= \dfrac{75}{11}\pi$

$\therefore p + q = 11 + 75 = 86$

> **다른 풀이**

(※)에서

톨레미의 정리에 의해

$\overline{AB} \times \overline{CD} + \overline{AD} \times \overline{BC} = \overline{BD} \times \overline{AC}$을 적용하면

$2 \times 2 + x \times y = z \times z$

$\overline{BD} = z = 5$, $(\because y > x,\ xy = 21)$

062.   정답 ③

[그림 : 도정영T] [검토자 : 이덕훈T]

(가)에서 선분 CD의 길이를 $a\,(a > 0)$라 하면

$\overline{AB} = \overline{BC} = \overline{AD} = 5a$이다.

$\angle ABC = \theta\left(0 < \theta < \dfrac{\pi}{2}\right)$라 하면 $\angle ADC = \pi - \theta$이므로

삼각형 ABC와 삼각형 ACD에서 선분 AC에 대하여 코사인법칙을 적용하면

$\overline{AC}^2 = 25a^2 + 25a^2 - 2 \times 5a \times 5a \times \cos\theta$

$\overline{AC}^2 = 25a^2 + a^2 - 2 \times 5a \times a \times \cos(\pi - \theta)$

$50a^2 - 50a^2\cos\theta = 26a^2 + 10a^2\cos\theta$

$60a^2\cos\theta = 24a^2$

$$\therefore \cos\theta = \frac{2}{5}$$

따라서 $\sin\theta = \frac{\sqrt{21}}{5}$

(나)에서 삼각형 ABC의 넓이는

$$\frac{1}{2} \times 5a \times 5a \times \frac{\sqrt{21}}{5} = \frac{5\sqrt{21}}{2}$$

$$a^2 = 1$$

$\therefore a = 1$이다.

따라서 $\overline{AB} = \overline{BC} = \overline{AD} = 5$, $\overline{CD} = 1$이고

$$\overline{AC}^2 = 25 + 25 - 2 \times 5 \times 5 \times \frac{2}{5} = 30$$

$\therefore \overline{AC} = \sqrt{30}$

호 AB에 대한 원주각으로 $\angle ADB = \angle ACB$이고
$\overline{AB} = \overline{AD}$이므로 $\angle ACB = \angle ACD$이다.

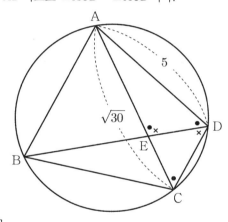

따라서
두 삼각형 ADC와 삼각형 AED에서
$\angle ACD = \angle ADE$이고
$\angle ADC = \angle AED$ ($\because \angle AED = \angle ECD + \angle EDC$)
그러므로 $\triangle ADC \backsim \triangle AED$
따라서
$\overline{AE} : \overline{AD} = \overline{AD} : \overline{AC}$에서 $\overline{AE} : 5 = 5 : \sqrt{30}$

$$\sqrt{30} \times \overline{AE} = 25$$

$$\therefore \overline{AE} = \frac{5\sqrt{30}}{6}$$

063.

[출제자 : 오세준T] [검토자 : 이지훈T]

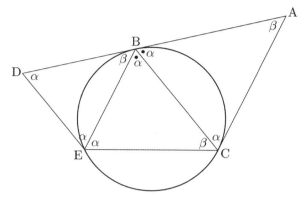

점 B, C는 접점이므로 $\angle ABC = \angle ACB$
접선과 원의 성질에 의해 $\angle ABC = \angle BEC$
$\overline{BC}$와 $\overline{DE}$는 평행하므로 $\angle CBE = \angle BED$
따라서 위의 그림과 같이 같은 각을 찾을 수 있다.

조건 (가)에 의해
세 원 O_1, O_2, O_3의 반지름이 이 순서대로 등비수열을
이루므로
반지름을 각각 a, ar, ar^2이라 하면

삼각형 BDE에서 $\frac{3}{\sin\alpha} = 2a$

삼각형 BEC에서 $\frac{\overline{CE}}{\sin\alpha} = 2ar$

삼각형 BCA에서 $\frac{\overline{AC}}{\sin\alpha} = 2ar^2$

따라서 $3 : \overline{CE} : \overline{AC} = 1 : r : r^2$이므로 $\overline{CE} = 3r$, $\overline{AC} = 3r^2$

조건 (나)에서

$\sin(\alpha+\beta) = \sin(\pi-\alpha) = \sin\alpha = \frac{\sqrt{13}}{4}$이므로

$$\cos\alpha = \sqrt{1 - \frac{13}{16}} = \frac{\sqrt{3}}{4}$$

삼각형 BCE에서 $\overline{BC} = \overline{EC} = 3r$, $\overline{BE} = 3$이므로
코사인 법칙에 의해

$$\cos\alpha = \frac{\sqrt{3}}{4} = \frac{3^2 + (3r)^2 - (3r)^2}{2 \times 3 \times 3r}$$

$$\frac{\sqrt{3}}{4} = \frac{1}{2r}, \ r = \frac{2}{\sqrt{3}}$$

따라서 $\overline{BC} = \overline{EC} = 2\sqrt{3}$, $\overline{BE} = 3$이므로

$$\cos\beta = \frac{(2\sqrt{3})^2 + (2\sqrt{3})^2 - 3^2}{2 \times 2\sqrt{3} \times 2\sqrt{3}} = \frac{5}{8}$$

삼각형 ABE에서 $\overline{BE} = 3$, $\overline{AB} = 4$이고
$\cos(\angle ABE) = \cos 2\alpha$

$= \cos(\pi - \beta)$

$= -\cos\beta = -\dfrac{5}{8}$

이므로

$\overline{AE}^2 = 3^2 + 4^2 - 2 \times 3 \times 4 \times \cos\beta$

$= 25 - 24 \times \left(-\dfrac{5}{8}\right) = 40$

$\triangle ABE = \triangle ADE = \dfrac{\sqrt{3}}{2}$

$\triangle CBE = \triangle CDE = \dfrac{3\sqrt{3}}{2}$

그러므로 사각형 ABCD의 넓이는 $4\sqrt{3}$ 이다.

064.
정답_①

[그림 : 최성훈T] [검토자 : 김경민T]

삼각형 ABC에서 사인법칙을 적용하면

$\dfrac{\overline{BC}}{\sin(\angle BAC)} = 4$

$\sin(\angle BAC) = \dfrac{\sqrt{3}}{2}$

따라서 $\angle BAC = \dfrac{\pi}{3}$ 이다. ...... ㉠

한편,

호 AB에 대한 원주각으로 $\angle ADC = \angle ACB$이고

호 CD에 대한 원주각으로 $\angle CAD = \angle CBD$이므로

$\triangle ADE \backsim \triangle BCE$ (AA닮음)

각형 BCE의 넓이는 삼각형 ADE의 넓이의 3배이므로

$\overline{AE} : \overline{BE} = 1 : \sqrt{3}$ 이다. ...... ㉡

㉠, ㉡에서 삼각형 ABE는 $\angle AEB = \dfrac{\pi}{2}$인

직각삼각형이다.

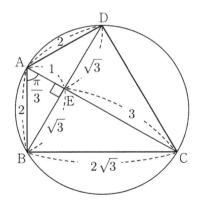

$\overline{AE} = a$라 하면 $\overline{BE} = \sqrt{3}a$이고 삼각형 ABE의 넓이는

$\dfrac{\sqrt{3}}{2}$이므로

$\dfrac{1}{2} \times a \times \sqrt{3}a = \dfrac{\sqrt{3}}{2}$에서 $a = 1$이다.

따라서 $\overline{AB} = 2$이다.

$\triangle ADE \backsim \triangle BCE$에서 $\overline{AD} = 2$이므로

$\triangle ABE \equiv \triangle ADE$이다.

따라서 $\triangle CBE \equiv \triangle CDE$이다.

065.
정답_②

[그림 : 강민구T] [검토자 : 안형진T]

원의 중심을 O라 하면 삼각형 OAB가 $\overline{OA} = \overline{OB} = 1$인

이등변삼각형이므로 점 O와 직선 AB사이 거리는

삼각형의 높이가 된다. 높이가 $\dfrac{\sqrt{3}}{2}$이므로 $\overline{AB} = 1$이다.

삼각형 ABC에서 사인법칙을 적용하면

$\dfrac{1}{\sin(\angle ACB)} = 2$

$\therefore \ \angle ACB = \dfrac{\pi}{6}$

$\sin(\angle BAC) : \sin(\angle CAD) : \sin(\angle ABC) = 1 : 1 : \sqrt{3}$

에서

$\overline{BC} = \overline{CD} = a$, $\overline{AC} = \sqrt{3}a$라 할 수 있다.

삼각형 ABC에서 코사인법칙을 적용하면

$1 = a^2 + 3a^2 - 2 \times a \times \sqrt{3}a \times \dfrac{\sqrt{3}}{2}$

$1 = a^2$

$\therefore \ a = 1$

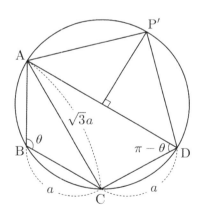

따라서 $\overline{BC} = \overline{CD} = 1$, $\overline{AC} = \sqrt{3}$ 이다.

삼각형 ABC에서 $\angle ABC = \theta$라 하고 코사인법칙을

적용하면

$\cos\theta = \dfrac{1 + 1 - 3}{2 \times 1 \times 1} = -\dfrac{1}{2}$

$\therefore \ \theta = \dfrac{2}{3}\pi$

사각형 ABCD가 원에 내접하므로 $\angle ADC = \pi - \dfrac{2}{3}\pi = \dfrac{\pi}{3}$

삼각형 ACD에서 $\overline{AD} = x$라 하고 코사인법칙을 적용하면

$$3 = 1 + x^2 - 2 \times 1 \times x \times \frac{1}{2}$$

$$x^2 - x - 2 = 0$$

$$(x-2)(x+1) = 0$$

에서 $x = 2$이다.

따라서 선분 AD는 원의 지름이다.

지름 AD의 수직이등분선과 원이 만나는 점을 P'라 할 때

$\triangle P'AD \geq \triangle PAD$이다.

$\overline{AD}$의 중점이 원의 중심 O이므로 $\overline{OP'} = 1$이다.

따라서 삼각형 PAD의 넓이의 최댓값은

$\frac{1}{2} \times 2 \times 1 = 1$이다.

066.

정답_①

[그림 : 이정배T] [검토자 : 최현정T]

$\overline{AC} = 3$인 삼각형 ABC의 외접원의 반지름의 길이가

3이므로

$$\frac{\overline{AC}}{\sin(\angle ABC)} = 2 \times 3, \quad \sin(\angle ABC) = \frac{1}{2}$$

즉, $\angle ABC = \frac{\pi}{6}$이다.

이다. 점 Q는 선분 AC를 지름으로 하는 원 위의 점이므로

$\angle APC = \frac{\pi}{2}$이다.

따라서 선분 BC가 삼각형 ABC의 외접원의 지름이다.

다음 그림과 같다.

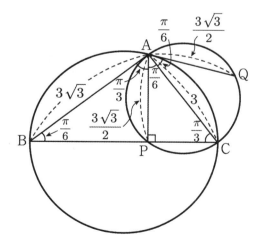

$\overline{AB} = 3\sqrt{3}$, $\overline{AP} = \overline{AQ} = \frac{3}{2}\sqrt{3}$, $\angle BAQ = \frac{2}{3}\pi$이므로

삼각형 ABQ에서 코사인법칙을 적용하면

$$\overline{BQ}^2 = (3\sqrt{3})^2 + \left(\frac{3}{2}\sqrt{3}\right)^2 - 2 \times (3\sqrt{3})\left(\frac{3}{2}\sqrt{3}\right) \times \cos\left(\frac{2}{3}\pi\right)$$

$$= 27 + \frac{27}{4} + \frac{27}{2} = \frac{189}{4}$$

$$\therefore \overline{BQ} = \frac{3\sqrt{21}}{2}$$

067.

정답_②

[그림 : 배용제T] [검토자 : 한정아T]

(가)에서 $\sin(\angle BAC) = \frac{12}{13}$이므로

$\cos(\angle BAC) = \frac{5}{13}$이고 선분 AB가 원의 지름이므로

$\angle ACB = \frac{\pi}{2}$이다. 직각삼각형 ABC에서 $\overline{AC} = 5$이므로

$\overline{AB} = 13$, $\overline{BC} = 12$이다.

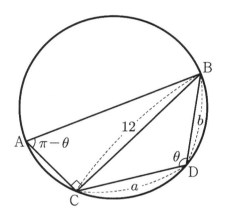

따라서 삼각형 BCD에서 $\overline{CD} = a$, $\overline{BD} = b$, $\angle BDC = \theta$라

하면 코사인법칙에 의하여

$$a^2 + b^2 - 2ab\cos\theta = 12^2$$

이고 $\angle BAC = \pi - \theta$에서 $\cos(\pi - \theta) = \frac{5}{13}$이므로

$\cos\theta = -\frac{5}{13}$이다.

즉, $a^2 + b^2 + 2ab \times \frac{5}{13} = 144$ ...... ㉠

이다.

또한, 조건 (나)에서 $a + b = 14$이므로

$(a+b)^2 = 14^2$에서 $a^2 + b^2 = 196 - 2ab$이다.

이때, ㉠에서 $196 - \frac{16}{13}ab = 144$이므로

$\frac{16}{13}ab = 52$, 즉 $ab = \frac{169}{4}$이다.

따라서 삼각형 BCD의 넓이는

$$S = \frac{1}{2} \times ab \times \sin\theta$$

$$= \frac{1}{2} \times \frac{169}{4} \times \frac{12}{13} \quad (\because \sin\theta = \sin(\pi - \theta))$$

$$= \frac{39}{2}$$

이다.

068.

[그림 : 강민구T] [검토자 : 장세완T]

삼각형 ABC에서 사인법칙을 적용하면

$$\frac{\overline{AC}}{\sin B} = 10 \ \cdots\cdots \ \text{㉠}$$

삼각형 ABD에서 사인법칙을 적용하면

$$\frac{\overline{AD}}{\sin B} = 10$$

따라서 $\overline{AC} = \overline{AD}$ 이다.

$$\therefore \ \angle ACD = \angle ADC = \theta$$

삼각형 ABD에서 사인법칙을 적용하면

$$\frac{8}{\sin \theta} = 10$$

따라서 $\sin\theta = \dfrac{4}{5}$, $\cos\theta = \dfrac{3}{5}$ 이다. $\left(\because 0 < \theta < \dfrac{\pi}{2}\right)$

이등변삼각형 ACD에서 변 CD의 중점을 H라 하면

$\angle AHC = \dfrac{\pi}{2}$ 이고 $\overline{BC} = k$ 라 하면 $\overline{CH} = k$ 이다.

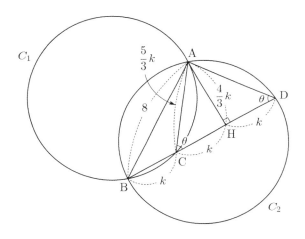

$\cos\theta = \dfrac{3}{5}$ 이므로 $\overline{AC} = \dfrac{5}{3}k$ 이고 $\sin\theta = \dfrac{4}{5}$ 이므로

$\overline{AH} = \dfrac{4}{3}k$ 이다.

따라서 직각삼각형 ABH에서 $\overline{BH} = 2k$ 이므로 피타고라스 정리를 적용하면

$$(2k)^2 + \left(\frac{4}{3}k\right)^2 = 8^2$$

$$\frac{52}{9}k^2 = 64$$

$$\therefore \ k^2 = \frac{144}{13}$$

한편, ㉠에서 $\sin B = \dfrac{k}{6}$ 이므로 삼각형 ABC의 넓이는

$$\frac{1}{2} \times \overline{AB} \times \overline{BC} \times \sin B$$

$$= \frac{1}{2} \times 8 \times k \times \frac{k}{6} = \frac{2}{3}k^2 = \frac{2}{3} \times \frac{144}{13} = \frac{96}{13}$$

이다.

069.

[검토자 : 정찬도T]

$\overparen{BD}$ 에 대한 원주각으로 $\angle BED = \angle BCD = \dfrac{\pi}{3}$ 이고

$\overline{BE} = \overline{DE}$ 에서 삼각형 BDE는 정삼각형이다. 사각형

ABCD가 한 원에 내접하므로 $\angle BAD = \dfrac{2\pi}{3}$ 이다.

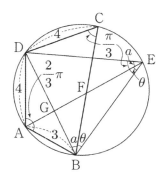

삼각형 ABD에서 코사인법칙을 적용하면

$$\overline{BD}^2 = 16 + 9 - 2 \times 4 \times 3 \times \cos\frac{2\pi}{3}$$

$$= 25 + 12 = 37$$

$$\therefore \ \overline{BD} = \overline{BE} = \overline{DE} = \sqrt{37}$$

$\overparen{DE}$ 에 대한 원주각으로 $\angle DBE = \angle DAE = \dfrac{\pi}{3}$ 이다.

따라서 삼각형 ADE에서 $\overline{AE} = x$ 라 하고 코사인법칙을 적용하면

$$37 = 16 + x^2 - 2 \times 4 \times x \times \cos\frac{\pi}{3}$$

$$x^2 - 4x - 21 = 0$$

$$(x-7)(x+3) = 0$$

$$x = 7$$

$$\therefore \ \overline{AE} = 7$$

또한, $\overparen{AD} = \overparen{CD}$ 이므로 $\angle DEA = \angle CBD = a$ 라 하면

삼각형 FBE에서 $\angle FBE = \angle FEB = \theta = \dfrac{\pi}{3} - a$ 이다.

따라서 삼각형 FBE는 $\overline{FB} = \overline{FE}$ 인 이등변삼각형이다.

$\overline{FB} = \overline{FE} = y$ 라 하고 삼각형 ABE와 삼각형 FBE에서

θ 에 대한 코사인법칙을 적용하면

$$\cos\theta = \frac{37 + 49 - 9}{2 \times \sqrt{37} \times 7} = \frac{37 + y^2 - y^2}{2 \times \sqrt{37} \times y}$$

$$\frac{77}{7} = \frac{37}{y}$$

$$\therefore \ \overline{EF} = \frac{37}{11}$$

한편, 삼각형 ABG와 삼각형 AED에서

$\angle \text{BAG} = \angle \text{EAD} = \dfrac{\pi}{3}$, $\angle \text{ABG} = \angle \text{AED} = a$로 두

삼각형은 닮음이다.

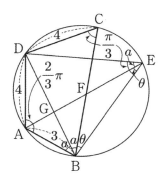

$\overline{\text{AB}} : \overline{\text{AG}} = \overline{\text{AE}} : \overline{\text{AD}}$

$3 : \overline{\text{AG}} = 7 : 4$

$\therefore \ \overline{\text{AG}} = \dfrac{12}{7}$

따라서

$\overline{\text{FG}} = \overline{\text{AE}} - \overline{\text{AG}} - \overline{\text{EF}}$

$\qquad = 7 - \dfrac{12}{7} - \dfrac{37}{11}$

$\qquad = \dfrac{539 - 132 - 259}{77}$

$\qquad = \dfrac{148}{77}$

070.

정답_③

[그림 : 서태욱T] [검토자 : 강동희T]

삼각형 BDF와 삼각형 AEF는 직각삼각형이므로 두
삼각형의 외접원의 지름이 각각 선분 BF와 선분 AF이다.
즉, 두 원의 반지름의 길이는 각각 2, 1이다. 삼각형
BDF의 외접원의 중심을 O_1이라 하고 삼각형 AEF의
외접원의 중심을 O_2라 하자. 두 원의 공통현의 길이가

$\overline{\text{FG}} = \dfrac{2\sqrt{21}}{7}$ 이고 직선 $O_1 O_2$와 직선 FG가 만나는 점을

H라 하면 두 원의 중심을 지나는 직선은 공통현을

수직이등분하므로 $\overline{\text{FH}} = \dfrac{\sqrt{21}}{7}$ 이다.

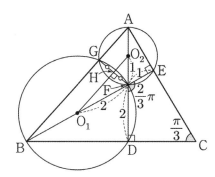

직각삼각형 O_1FH에서 $\overline{O_1 F} = 2$, $\overline{\text{FH}} = \dfrac{\sqrt{21}}{7}$ 이므로

피타고라스 정리에서

$\overline{O_1 H} = \sqrt{4 - \dfrac{21}{49}} = \sqrt{\dfrac{196 - 21}{49}} = \dfrac{5\sqrt{7}}{7}$

직각삼각형 O_2FH에서 $\overline{O_2 F} = 1$, $\overline{\text{FH}} = \dfrac{\sqrt{21}}{7}$ 이므로

피타고라스 정리에서

$\overline{O_2 H} = \sqrt{1 - \dfrac{21}{49}} = \sqrt{\dfrac{49 - 21}{49}} = \dfrac{2\sqrt{7}}{7}$

따라서 $\overline{O_1 O_2} = \dfrac{5\sqrt{7}}{7} + \dfrac{2\sqrt{7}}{7} = \sqrt{7}$ 이다.

삼각형 $O_1 F O_2$에서 코사인법칙을 적용하면

$\cos(\angle O_1 F O_2) = \dfrac{2^2 + 1^2 - (\sqrt{7})^2}{2 \times 2 \times 1} = -\dfrac{1}{2}$

$\therefore \ \angle O_1 F O_2 = \dfrac{2}{3}\pi$

$\angle \text{D} = \angle \text{E} = \dfrac{\pi}{2}$ 이므로 사각형 CDFE는 원에 내접한다.

따라서 $\angle \text{C} = \dfrac{\pi}{3}$

$\overline{O_1 O_2} = \overline{\text{DE}} = \sqrt{7}$ 이므로 삼각형 CDE의 외접원의

반지름의 길이를 R이라 하고 사인법칙을 적용하면

$\dfrac{\overline{\text{DE}}}{\sin \dfrac{\pi}{3}} = 2R$

$R = \sqrt{7} \times \dfrac{2}{\sqrt{3}} \times \dfrac{1}{2} = \dfrac{\sqrt{7}}{\sqrt{3}}$ 이다.

따라서 삼각형 CDE의 외접원의 넓이는 $\dfrac{7}{3}\pi$ 이다.

다른 풀이 - 정찬도T

$\angle \text{GCF} = 90\,^\circ$ 이므로 피타고라스 정리에 의해

$\overline{\text{AG}} = \dfrac{4}{\sqrt{7}}$, $\overline{\text{BG}} = \dfrac{10}{\sqrt{7}}$ 이다.

$\angle \text{AFB} = \theta$라 하고 삼각형 ABF에 코사인 정리를
활용하면,

$\cos\theta = \dfrac{4^2 + 2^2 - \left(\dfrac{14}{\sqrt{7}} \right)^2}{2 \times 4 \times 2} = \dfrac{16 + 4 - 28}{2 \times 4 \times 2} = -\dfrac{1}{2}$

따라서 $\theta=\frac{2}{3}\pi$

한편, $\angle\mathrm{AFE}=\angle\mathrm{ACD}=\pi-\theta=\frac{\pi}{3}$ 이고

$\triangle\mathrm{AFB}\backsim\triangle\mathrm{EFD}$ 이므로

$\overline{\mathrm{DE}}=\sqrt{7}$ 이다.

삼각형 CDE의 외접원의 반지름의 길이를 R이라 하고

사인법칙을 적용하면 $\dfrac{\overline{\mathrm{DE}}}{\sin\frac{\pi}{3}}=2R$에서

$R=\sqrt{7}\times\dfrac{2}{\sqrt{3}}\times\dfrac{1}{2}=\dfrac{\sqrt{7}}{\sqrt{3}}$ 이다.

그러므로 삼각형 CDE의 외접원의 넓이는 $\frac{7}{3}\pi$이다.

071.
정답_②

[그림 : 도정영T] [검토자 : 필재T]

점 C가 선분 AO를 10 : 3으로 외분하는 점이므로
$\overline{\mathrm{OC}}=3$이다.

삼각형 BCD에서 사인법칙을 적용하면

$$\frac{\overline{\mathrm{CD}}}{\sin(\angle\mathrm{CBD})}=\frac{\overline{\mathrm{BD}}}{\sin(\angle\mathrm{BCD})}$$

이고 $\sin(\angle\mathrm{CBD})=2\sin(\angle\mathrm{BCD})$이므로 $\overline{\mathrm{CD}}=2\overline{\mathrm{BD}}$ 이다.

$\overline{\mathrm{BD}}=x$라 하면 $\overline{\mathrm{CD}}=2x$, $\overline{\mathrm{OD}}=7-x$이다.

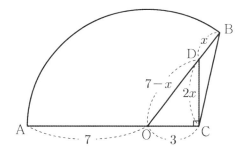

직각삼각형 OCD에서 피타고라스 정리를 적용하면
$3^2+(2x)^2=(7-x)^2$
$9+4x^2=49-14x+x^2$
$3x^2+14x-40=0$
$(x-2)(3x+20)=0$
$\therefore\ x=2$

따라서 $\overline{\mathrm{OD}}=5$, $\overline{\mathrm{CD}}=4$이다.

$\sin(\angle\mathrm{COD})=\frac{4}{5}$이므로 삼각형 COB의 넓이는

$\frac{1}{2}\times3\times7\times\frac{4}{5}=\frac{42}{5}$이고

삼각형 OCD의 넓이는 $\frac{1}{2}\times3\times4=6$

그러므로

(삼각형 BCD의 넓이)
=(삼각형 COB의 넓이)−(삼각형 OCD의 넓이)
$=\dfrac{42}{5}-6$
$=\dfrac{12}{5}$

다른 풀이

$\sin(\angle\mathrm{BDC})=\dfrac{3}{5}$이므로

(삼각형 BCD의 넓이)$=\dfrac{1}{2}\times2\times4\times\dfrac{3}{5}=\dfrac{12}{5}$이다.

072.
정답_④

[그림 : 이정배T] [검토자 : 오정화T]

두 원 O_1, O_2의 넓이가 각각 3π, 2π이므로 두 원 O_1,
O_2의 반지름의 길이는 각각 $\sqrt{3}$, $\sqrt{2}$이다.

사각형 ABCD에서 $\angle\mathrm{BAD}=\angle\mathrm{ABC}=\frac{\pi}{3}$이므로 삼각형
ABC에서 사인법칙을 적용하면

$\dfrac{\overline{\mathrm{AC}}}{\sin\frac{\pi}{3}}=2\sqrt{3}$에서 $\overline{\mathrm{AC}}=3$

$\angle\mathrm{ADC}=\pi-\angle\mathrm{ABC}=\dfrac{2\pi}{3}$이므로 $\angle\mathrm{CDE}=\dfrac{\pi}{3}$이다.

삼각형 CDE에서 사인법칙을 적용하면

$\dfrac{\overline{\mathrm{CE}}}{\sin\frac{\pi}{3}}=2\sqrt{2}$에서 $\overline{\mathrm{CE}}=\sqrt{6}$

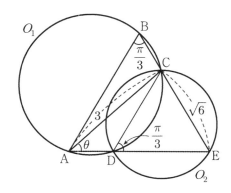

삼각형 CDE는 세 내각의 크기가 $\frac{\pi}{3}$이므로 정삼각형이다.

따라서 $\overline{\mathrm{CD}}=\sqrt{6}$

삼각형 ACD에서 $\angle\mathrm{CAD}=\theta$라 하고 사인법칙을
적용하면

$\dfrac{\sqrt{6}}{\sin\theta}=2\sqrt{3}$

$$\sin\theta = \frac{\sqrt{2}}{2}$$

$$\therefore \ \theta = \frac{\pi}{4}$$

$\overline{AD} = x$라 하고 코사인법칙을 적용하면

$$(\sqrt{6})^2 = 3^2 + x^2 - 2 \times 3 \times x \times \cos\frac{\pi}{4}$$

$$x^2 - 3\sqrt{2}\,x + 3 = 0$$

$$x = \frac{3\sqrt{2} \pm \sqrt{6}}{2}$$

따라서 $\overline{AD} = \dfrac{3\sqrt{2} - \sqrt{6}}{2}$ $(\because \ \overline{AD} < \overline{DE})$이다.

그러므로 삼각형 CAD의 넓이는

$$\frac{1}{2} \times 3 \times \frac{3\sqrt{2} - \sqrt{6}}{2} \times \frac{\sqrt{2}}{2} = \frac{18 - 6\sqrt{3}}{8} = \frac{9 - 3\sqrt{3}}{4}$$

073. 　　　　　　　　　　　정답_③

점 A에서 선분 BC에 내린 수선의 발을 H라 하면
$\overline{BH} = \overline{CH} = \overline{CD} = 1$이고
$\triangle CFE \equiv \triangle CDE$이므로 $\overline{CF} = 1$이다.

$\angle ABC = \theta$라 하면 $\angle ACD = \pi - \theta$이고 $\cos\theta = \dfrac{1}{3}$

삼각형 DCF에서

$$\overline{DF}^2 = 1^2 + 1^2 - 2 \times 1 \times 1 \times \cos(\pi - \theta) = \frac{8}{3}$$

그러므로 $\overline{DF} = \dfrac{2\sqrt{6}}{3}$

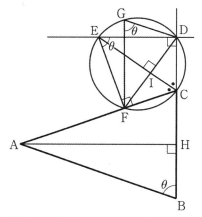

이등변삼각형 EDF에서 $\angle DEF = \theta$이고
$\overline{ED} = \overline{EF} = x$라 하면

$$\overline{DF}^2 = x^2 + x^2 - 2 \times x \times x \times \cos\theta$$

$$\frac{8}{3} = \frac{4}{3}x^2$$

$$x = \sqrt{2}\text{이다.}$$

따라서 $\overline{EF} = \overline{ED} = \sqrt{2}$이다.

$\overline{CE}$와 $\overline{DF}$가 만나는 점을 I라 하면

$\overline{DI} = \overline{FI} = \dfrac{\sqrt{6}}{3}$, $\overline{DF} \perp \overline{EI}$이다.

따라서 $\overline{EI} = \sqrt{(\sqrt{2})^2 - \left(\dfrac{\sqrt{6}}{3}\right)^2} = \sqrt{2 - \dfrac{2}{3}} = \dfrac{2\sqrt{3}}{3}$

네 점 C, D, E, F는 선분 CE를 지름으로 하는 원 위의 점이고

$\angle DEF = \angle DGF = \theta$이므로 점 G도 같은 원 위의 점이다.

따라서 삼각형 DGF의 넓이는 점 G가 점 E일 때이므로

(삼각형 DGF의 넓이)

$$\leq \frac{1}{2} \times \overline{DF} \times \overline{EI}$$

$$= \frac{1}{2} \times \frac{2\sqrt{6}}{3} \times \frac{2\sqrt{3}}{3}$$

$$= \frac{2\sqrt{2}}{3}$$

다른 풀이 - 오세준T

삼각형 ABC에서 점 A에서 $\overline{BC}$에 내린 수선의 발을 H라 하자.

$\angle ABC = \theta$라 하면 $\sin\theta = \dfrac{2\sqrt{2}}{3}$, $\cos\theta = \dfrac{1}{3}$

삼각형 DFC에서 $\overline{DC} = \overline{FC} = 1$이고
$\angle DCF = \pi - \theta$이므로

$$\overline{DF}^2 = 1^2 + 1^2 - 2 \times 1 \times 1 \times \cos(\pi - \theta) = \frac{8}{3}$$

$\angle DGF = \theta$이므로

삼각형 DGF에서 $\overline{GF} = a$, $\overline{GD} = b$라 하면

$$\overline{DF}^2 = a^2 + b^2 - 2ab\cos\theta$$

$$= a^2 + b^2 - \frac{2}{3}ab = \frac{8}{3}$$

$a > 0$, $b > 0$이므로 산술기하평균의 관계에 의해

$$\frac{8}{3} = a^2 + b^2 - \frac{2}{3}ab \geq 2ab - \frac{2}{3}ab$$

$$\frac{8}{3} \geq \frac{4}{3}ab, \ 2 \geq ab$$

따라서 ab의 최댓값은 2이고
삼각형 DGF의 넓이의 최댓값은

$$\frac{1}{2}ab\sin\theta = \frac{1}{2}ab \times \frac{2\sqrt{2}}{3}$$

$$= \frac{\sqrt{2}}{3}ab$$

$$\leq \frac{2\sqrt{2}}{3}$$

074. 　　　　　　　　　　　정답_④

$\overline{O_1O_2} = r$, $\angle O_1O_2A = \theta$라면 $\overline{O_1O_2} = \overline{O_1B} = \overline{O_2D} = r$이고

$\overline{O_1O_2} \parallel \overline{BD}$ 이므로 사각형 O_1BDO_2는 마름모이다. 따라서 $\overline{BD}=r$ 이고 $\angle DO_2C=\theta$ 이므로 삼각형 O_2DC 에서 코사인법칙에 의해

$$\cos\theta = \dfrac{r^2 + r^2 - \left(\dfrac{r}{\sqrt{2}}\right)^2}{2 \cdot r \cdot r} = \dfrac{3}{4}, \quad \sin\theta = \dfrac{\sqrt{7}}{4}$$

원 C_1 에서 선분 AB가 지름이므로 $\angle AO_2B = \dfrac{\pi}{2}$ 이다.

직각삼각형 ABO_2 에서 $\angle O_2AB=\theta$ 이므로

$\overline{AO_2}=2r\sin\theta=\dfrac{\sqrt{7}}{2}r$ 이고 직각삼각형 BCO_2 에서

피타고라스의 정리에 의해

$$\overline{BC} = \dfrac{\sqrt{11}}{2}r$$

삼각형 BDC에서 코사인법칙에 의해

$$\cos(\angle BCD) = \dfrac{\dfrac{11}{4}r^2 + \dfrac{1}{2}r^2 - r^2}{2 \cdot \dfrac{\sqrt{11}}{2}r \cdot \dfrac{r}{\sqrt{2}}} = \dfrac{9}{2\sqrt{22}}$$

따라서 $\cos^2(\angle BCD)=\dfrac{81}{88}$ 이므로 $p+q=169$

075.

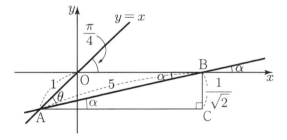

직선 AB이 x 축의 양의 방향과 이루는 각을 α 라 하고, 점 A를 지나고 x 축에 평행한 직선과 점 B를 지나고 y 축에 평행한 직선의 교점을 C라 하자.

직각삼각형 ABC에서 $\overline{AB}=5$, $\overline{BC}=\dfrac{1}{\sqrt{2}}$ 이므로

피타고라스 정리에 의하여

$$\overline{AC} = \sqrt{25 - \dfrac{1}{2}} = \dfrac{7}{\sqrt{2}}$$

따라서 $\tan\alpha = \dfrac{\dfrac{1}{\sqrt{2}}}{\dfrac{7}{\sqrt{2}}} = \dfrac{1}{7}$

$\therefore m = \dfrac{1}{7}$

한편,

$$\overline{OB}=\dfrac{7}{\sqrt{2}}-\dfrac{1}{\sqrt{2}}=3\sqrt{2}$$

$$\cos\theta = \dfrac{1^2 + 5^2 - (3\sqrt{2})^2}{2 \times 1 \times 5} = \dfrac{4}{5}$$

$$\dfrac{20}{m\cos\theta} = 20 \times 7 \times \dfrac{5}{4} = 175$$

076.

$\angle ADB = \theta$ 라 하면 $\angle BDC = \pi - \theta$ 이다.

삼각형 ABD 와 삼각형 BCD 의 외접원의 넓이를 각각 R_1, R_2 라 하면 사인법칙에 의하여

$\dfrac{\overline{AB}}{\sin\theta}=2R_1$, $\dfrac{\overline{BC}}{\sin(\pi-\theta)}=2R_2$ 이므로

$\dfrac{3}{2\sin\theta}=R_1$, $\dfrac{2}{\sin\theta}=R_2$ 이다.

따라서

$$S_1 = \pi\left(\dfrac{9}{4\sin^2\theta}\right), \quad S_2 = \pi\left(\dfrac{4}{\sin^2\theta}\right) \text{이다.}$$

$$\therefore \dfrac{S_2}{S_1} = \dfrac{4}{\dfrac{9}{4}} = \dfrac{16}{9}$$

$$18 \times \dfrac{S_2}{S_1} = 32$$

077.

$\sin A = \dfrac{a}{2R}$, $\sin B = \dfrac{b}{2R}$, $\sin C = \dfrac{c}{2R}$ 이므로

$$\sin B + \sin C = \left(R\sin A - \dfrac{1}{2}\right)\sin A$$

$$\dfrac{b}{2R} + \dfrac{c}{2R} = \left(\dfrac{a}{2} - \dfrac{1}{2}\right)\dfrac{a}{2R}$$

그러므로 $2(b+c) = a^2 - a \ \cdots \ \bigcirc$

$$\sin B - \sin C = \dfrac{1}{2}\sin A + \dfrac{3}{4R}$$

$$\dfrac{b}{2R} - \dfrac{c}{2R} = \dfrac{1}{2}\left(\dfrac{a}{2R} + \dfrac{3}{2R}\right)$$

그러므로 $2(b-c) = a + 3 \ \cdots \ \bigcirc$

두 식 ㉠과 ㉡을 연립하면

$b = \dfrac{a^2+3}{4}$, $c = \dfrac{a^2-2a-3}{4} = \dfrac{1}{4}(a+1)(a-3)$ 인데,

$c>0$ 에서 $a>3$ 이고, $2(b-c)=a+3>0$ 에서 $b>c$

$b-a = \dfrac{a^2+3}{4} - a = \dfrac{a^2-4a+3}{4} = \dfrac{(a-1)(a-3)}{4} > 0$ 이

므로 $b>a$

따라서 가장 긴 변 b의 대각 B가 가장 큰 각이다.

$$\cos B = \frac{a^2 + c^2 - b^2}{2ac}$$

$$= \frac{a^2 - \frac{(a^2-a)(a+3)}{4}}{2a \times \frac{a^2-2a-3}{4}}$$

$$= \frac{4a^2 - a^3 - 3a^2 + a^2 + 3a}{2a(a-3)(a+1)}$$

$$= \frac{-a^3 + 2a^2 + 3a}{2a(a-3)(a+1)}$$

$$= -\frac{1}{2}$$

$$\therefore B = \frac{2\pi}{3}$$

078.   정답 ③

등변사다리꼴 ABCD에서 $\angle A + \angle B = \pi$이므로

$\angle B = \frac{2\pi}{3}$이다.

따라서 삼각형 BPC에서 $\angle PBC = \frac{\pi}{3}$, $\overline{BP} = 1$,

$\overline{CP} = \sqrt{7}$이고 $\overline{BC} = x$라 하고 코사인법칙을 적용하면

$$7 = 1 + x^2 - 2 \times 1 \times x \times \frac{1}{2}$$

$$x^2 - x - 6 = 0$$

$$(x-3)(x+2) = 0$$

$$x = 3$$

$\therefore \overline{BC} = 3$이다.

각의 이등분선의 성질에서

$\overline{BC} : \overline{BQ} = \overline{PC} : \overline{PQ}$이고 $\overline{BQ} = y$라 하면

$$3 : y = \sqrt{7} : \overline{PQ}$$

$\overline{PQ} = \frac{\sqrt{7}\,y}{3}$이다.

$\triangle BPQ = \triangle BCP + \triangle BPQ$

$\frac{1}{2} \cdot 3 \cdot y \cdot \sin\frac{\pi}{3} = \frac{1}{2} \cdot 3 \cdot 1 \cdot \sin\frac{\pi}{3} + \frac{1}{2} \cdot 1 \cdot y \cdot \sin\frac{\pi}{3}$

$$3y = 3 + y$$

$$2y = 3$$

$$y = \frac{3}{2}$$

$\triangle BPQ$에서 $\cos\frac{\pi}{3} = \frac{1 + \frac{9}{4} - \overline{PQ}^2}{2 \cdot 1 \cdot \frac{3}{2}} = \frac{1}{2}$

따라서 $\overline{PQ} = \frac{\sqrt{7}}{2}$이다.

삼각형 BPQ의 외접원의 반지름의 길이를 R라 하면

$$\frac{\overline{PQ}}{\sin(\angle PBQ)} = \frac{\frac{\sqrt{7}}{2}}{\frac{\sqrt{3}}{2}} = \frac{\sqrt{7}}{\sqrt{3}} = 2R$$

$$R = \frac{\sqrt{7}}{2\sqrt{3}}$$

삼각형 BPQ의 외접원의 넓이는 $\pi\left(\frac{\sqrt{7}}{2\sqrt{3}}\right)^2 = \frac{7}{12}\pi$이다.

> **랑데뷰 팁**
>
> 우산공식에서
>
> $\overline{BP}^2 = \overline{BC} \times \overline{BQ} - \overline{PC} \times \overline{PQ}$
>
> $1 = 3y - \sqrt{7} \times \frac{\sqrt{7}\,y}{3}$
>
> $1 = \frac{2}{3}y$
>
> $y = \frac{3}{2}$
>
> 따라서 $\overline{PQ} = \frac{\sqrt{7}}{2}$이다.

079.   정답 ①

삼각형 ABD와 삼각형 CBD에서

$\angle D$가 공통이고 $\angle BAD = \angle CBD$이므로 두 삼각형은 닮음이다.

$\overline{BD} : \overline{AD} = \overline{CD} : \overline{BD}$에서

$$\overline{BD}^2 = \overline{DC} \times \overline{DA}$$

$$21 = 3 \times \overline{DA}$$

$$\overline{DA} = 7$$

$\therefore \overline{AC} = 4$, $\overline{AM} = 2$

한편,

점 C에서 선분 BD에 내린 수선의 발을 H라 하고

$\angle CBD = \theta$라 하자. $\overline{BH} = \frac{\sqrt{21}}{2}$이므로 피타고라스

정리에서 $\overline{CH} = \frac{\sqrt{15}}{2}$이다.

따라서 $\sin\theta = \frac{\sqrt{15}}{6}$이다.

삼각형 ABC에서

$\angle CBD = \angle BAC = \theta$이므로 사인법칙을 적용하면

$$\frac{\overline{BC}}{\sin\theta} = \frac{3}{\frac{\sqrt{15}}{6}} = \frac{18}{\sqrt{15}}$$

$2R = \frac{18}{\sqrt{15}}$이므로 $R = \frac{9}{\sqrt{15}}$이다.

직선 OM은 현 AC의 수직이등분선이므로

$\overline{OA} = R = \dfrac{9}{\sqrt{15}}$ 이다.

직각삼각형 AOM에서 피타고라스 정리를 적용하면

$$\overline{OM} = \sqrt{\left(\dfrac{9}{\sqrt{15}}\right)^2 - 2^2} = \sqrt{\dfrac{81-60}{15}} = \sqrt{\dfrac{21}{15}} = \sqrt{\dfrac{7}{5}}$$

그러므로

선분 OM의 길이는 $\dfrac{\sqrt{35}}{5}$ 이다.

080.

정답_31

(가)조건 $\overline{BC}\cos B + \overline{AC}\cos(B+C) = 0$

$a \cdot \dfrac{a^2+c^2-b^2}{2ac} + b\cos(\pi - A) = 0$

$\dfrac{a^2+c^2-b^2}{2c} - b\cos A = 0$

$\dfrac{a^2+c^2-b^2}{2c} = b \cdot \dfrac{b^2+c^2-a^2}{2bc}$

$a^2+c^2-b^2 = b^2+c^2-a^2$

$a^2 = b^2$이므로 $\overline{BC} = \overline{AC} = a$인 이등변삼각형임을 알 수 있다.

(나)조건에서

$\sin^2 C + \cos^2 C = 1$

$\cos^2 C = \dfrac{49}{64}$

$\cos C = \dfrac{7}{8}$ ($\because \angle C$는 예각)

$\dfrac{7}{8} = \dfrac{a^2+a^2-c^2}{2a^2}$

$14a^2 = 16a^2 - 8c^2$

$a = 2c$이므로 $\overline{AB} = c = \dfrac{1}{2}a$이다.

문제에서 세 변의 길이가 자연수인 삼각형이므로

$\overline{AB} = \dfrac{1}{2}a$가 자연수가 되기 위해서는 a는 2의 배수이고,

가장 작은 삼각형이 되기 위해서는 $a = 2$일 때이다.

따라서 세 변은 $\overline{BC} = \overline{AC} = 2$, $\overline{AB} = 1$이다.

이때, $\dfrac{\overline{AB}}{\sin C} = 2R$ (R은 외접원의 반지름의 길이이다.)

$\dfrac{1}{\dfrac{\sqrt{15}}{8}} = 2R$

$R = \dfrac{4}{\sqrt{15}}$

따라서 외접원의 넓이는 $\dfrac{16}{15}\pi$ 이다.

$p = 15$, $q = 16$이므로 $p+q = 31$이다.

081.

정답_67

[출제자 : 김종렬T] [검토자 : 최수영T]

$a+b+c$, $ab+bc+ca$, abc 가 등차수열이므로

등차중항에 의하여

$a+b+c+abc = 2(ab+bc+ca)$ ······㉠

우선 $a = 1$ 이면 $1+b+c+bc = 2(b+bc+c)$ 이므로

$bc+b+c = 1$, $(b+1)(c+1) = 2$

그런데 b, c는 자연수이므로 만족하는 c는 존재하지 않는다.

또한 $a = 2$ 이면 $2+b+c+2bc = 2(2b+bc+2c)$ 에서

$3(b+c) = 2$ 이므로 역시 c는 존재하지 않는다.

그러므로 $a > 2$ 이다.

$a-2 = x$, $b-2 = y$, $c-2 = z$ 라 하면

$a \le b \le c$ 에서 $1 \le x \le y \le z$ ······㉡

㉠에 대입하면

$(x+2)+(y+2)+(z+2)+(x+2)(y+2)(z+2)$

$= 2(x+2)(y+2)+2(y+2)(z+2)+2(z+2)(x+2)$

정리하면 $xyz = 3(x+y+z)+10$ 이고 양변에 x를

곱하면 $x^2yz = 3(x^2+xy+xz)+10x$

$\therefore (xy-3)(xz-3) = x^2yz - 3xy - 3xz + 9$

$= 3x^2 + 10x + 9$ ······㉢

(i) $x = 1$ 일 때, 식 ㉢은

$(y-3)(z-3) = 22$

$\therefore y-3 = 1$, $z-3 = 22$ 에서 $y = 4$, $z = 25$ $\Rightarrow$

$a = 3$, $b = 6$, $c = 27$

$y-3 = 2$, $z-3 = 11$ 에서 $y = 5$, $z = 14$ $\Rightarrow$

$a = 3$, $b = 7$, $c = 16$

(ii) $x \ge 2$ 일 때,

$xy-3 \ge x^2-3 > 0$, $xz-3 \ge x^2-3 > 0$ 이므로 ㉢에서

$(xy-3)(xz-3) = 3x^2+10x+9 \ge (x^2-3)^2$, 곧

$x^4 - 9x^2 - 10x \le 0$

$x > 0$ 이므로 부등식의 양변을 x 로 나누면

$x^3 - 9x - 10 \le 0$, $(x+2)(x^2-2x-5) \le 0$

$\therefore x \le -2$, $1-\sqrt{6} \le x \le 1+\sqrt{6}$

x 는 2 이상의 자연수이므로, $x = 2$, 3

(ii)-① $x = 2$ 일 때 : $(2y-3)(2z-3) = 41$

$\therefore 2y-3 = 1$, $2z-3 = 41$ 에서 $y = 2$, $z = 22$ $\Rightarrow$

$a = b = 4$, $c = 24$

(ii)-② $x = 3$ 일 때 : $3(y-1)(z-1) = 22$ 인데 22는

3 의 배수가 아니므로 해가 없다.

따라서 $a = 3$, $b = 6$, $c = 27$ 또는

$a = 3$, $b = 7$, $c = 16$, $a = 4$, $b = 4$, $c = 24$ 이다.
그러므로 서로 다른 c의 합은 $16 + 24 + 27 = 67$

082. 정답_32

[출제자 : 김진성T] [검토자 : 김영식T]

$S_1 \times S_2 \times S_3 \times \cdots \times S_n = 6 S_{n+1}$ …… ㉠

$n \geq 2$일 때 n대신 $n - 1$을 대입하면

$S_1 \times S_2 \times S_3 \times \cdots S_{n-1} = 6 S_n$ …… ㉡

이고 ㉠ ÷ ㉡를 하면

$$S_{n+1} = S_n{}^2$$

를 얻는다. 따라서

$$S_n = S_2{}^{2^{n-2}} \quad (n \geq 2)$$

이다. 그리고 $a_4 = 2$이므로

$$a_4 = S_4 - S_3 = S_2{}^4 - S_2{}^2 = 2 \quad \Rightarrow S_2 = \sqrt{2}$$

이다. 따라서 $S_8 = S_2{}^{64} = 2^{32}$ 이므로

$$\log_2 S_8 = 32$$

083. 정답_⑤

$a_n = a + (n-1)d \ (d > 0)$라 두면

$A = \{a,\ a + d,\ a + 2d,\ a + 3d,\ a + (k-1)d\}$

$B = \{a,\ a + 2d,\ a + 4d\}$

$C = \{2a,\ 2a + d,\ 2a + 2d,\ 2a + 3d,\ 2a + 4d,\ 2a + 5d,\ 2a + 6d,$
$\quad 2a + 7d,\ 2a + (k-1)d,\ 2a + (k+1)d,\ 2a + (k+3)d\}$

이므로

$n(C) = 10$이 되기 위해서는

$2a + (k-1)d = 2a + 6d$ 또는 $2a + (k-1)d = 2a + 7d$

그러므로 $k = 7$ 또는 $k = 8$

$d > 0$이므로

a_k의 최솟값은 $a_7 = 7$이고 최댓값은 $a_8 = 10$이다.

$d = 3$에서

$a_1 = 7 - 6 \times 3 = -11$

$a_{10} = 7 + 3 \times 3 = 16$

$a_1 + a_{10} = 5$

084. 정답_105

[출제자 : 김수T]

등차수열 $\{a_n\}$의 공차를 d라 하면

$a_n = 72 + (n-1)d$이고

$a_9 = 72 + 8d = 8(d+9)$,

$a_{10} = 72 + 9d = 9(d+8)$,

등차수열 $\{b_n\}$의 첫째항을 b라 하면

$b_n = b + (n-1) \times 6$이고

$b_9 = b + 48$,

$b_{10} = b + 54$

조건 (가)에서 $a_9 b_9 \leq 0$, $a_{10} b_{10} \leq 0$ 이므로

$8(d+9)(b+48) \leq 0$ ……㉠

$9(d+8)(b+54) \leq 0$ ……㉡

조건 (나)에서 $a_9 b_{10} \geq 0$, $a_{10} b_9 \geq 0$ 이므로

$8(d+9)(b+54) \geq 0$ ……㉢

$9(d+8)(b+48) \geq 0$ ……㉣

㉠, ㉢에서 $d + 9 < 0$이면

$b \geq -48$이고 $b \leq -54$인데,

이를 만족시키는 실수 b는 존재하지 않는다.

따라서 $d + 9 \geq 0$ 이고 $-54 \leq b \leq -48$

㉡, ㉣에서 $d + 8 > 0$이면

$b \geq -48$이고 $b \leq -54$인데,

이를 만족시키는 실수 b는 존재하지 않는다.

따라서 $d + 8 \leq 0$ 이고 $-54 \leq b \leq -48$

정리하면 $-9 \leq d \leq -8$이고 $-54 \leq b \leq -48$

$a_2 - b_2 = (72 + d) - (b + 6) = 66 + d - b$의 최솟값은

$d = -9$이고 $b = -48$일 때

$m = 66 - 9 + 48 = 105$

085. 정답_⑤

등차수열 a_n은 최고차항의 계수가 공차인 n에 관한

1차식이고 S_n은 최고차항의 계수가 $\dfrac{\text{공차}}{2}$이고 상수항이

없는 n에 관한 2차식이다.

따라서 첫째항이 정수인 등차수열 $\{a_n\}$의 공차를 d라

하면

$a_n = dn + A$, $S_n = \dfrac{d}{2}n^2 + Bn$이라 할 수 있다.

$S_p < a_p$을 만족시키는 자연수 p가 최댓값과 최솟값을 갖기

위해서는 그래프 상에서 S_n은 아래로 볼록, a_n은 증가하는

수열이어야 하므로 $d > 0$이어야 한다.

또한

$S_1 = a_1$이므로 $S_p = a_p$를 만족시키는 모든 자연수 p의

최솟값은 1이므로 최댓값과 최솟값의 합이 19이기

위해서는 최댓값은 18이다.

따라서 $S_{18} = a_{18}$

$\dfrac{18(2a_1 + 17d)}{2} = a_1 + 17d$

$9(2a_1 + 17d) = a_1 + 17d$

$8 \times 17d = -17a_1$

$\therefore d = -\dfrac{1}{8}a_1$

$S_q \leq q$을 만족시키는 자연수 q의 개수가 19이므로

$S_{19} \leq 19$, $S_{20} > 20$이다.

$S_{19} = \dfrac{19(2a_1 + 18d)}{2} \leq 19$

$a_1 + 9d \leq 1$

$a_1 - \dfrac{9}{8}a_1 \leq 1$

$-\dfrac{1}{8}a_1 \leq 1$

$\therefore a_1 \geq -8 \cdots \bigcirc$

$S_{20} = \dfrac{20(2a_1 + 19d)}{2} > 20$

$a_1 + \dfrac{19}{2}d > 1$

$a_1 - \dfrac{19}{16}a_1 > 1$

$-\dfrac{3}{16}a_1 > 1$

$\therefore a_1 < -\dfrac{16}{3} \cdots \bigcirc\hspace{-0.9em}\bigcirc$

$\bigcirc$, $\bigcirc\hspace{-0.9em}\bigcirc$에서 $-8 \leq a_1 < -\dfrac{16}{3}$이다.

따라서 조건을 만족시키는 정수 a_1의 값의 합은

$(-8) + (-7) + (-6) = -21$이다.

086.   정답_32

등차수열 $\{a_n\}$의 공차를 d라 하면

$S_n = \dfrac{d}{2}n^2 + An$이라 할 수 있다.

$a_6 = S_6 - S_5 = \left(\dfrac{36d}{2} + 6A\right) - \left(\dfrac{25}{2}d + 5A\right)$

$\quad = \dfrac{11}{2}d + A$

$\displaystyle\sum_{k=1}^{6} S_k$

$= \displaystyle\sum_{k=1}^{6}\left(\dfrac{d}{2}k^2 + Ak\right)$

$= \dfrac{d}{2} \times \dfrac{6 \times 7 \times 13}{6} + A \times \dfrac{6 \times 7}{2}$

$= \dfrac{1}{2} \times 7 \times 13 \times d + 3 \times 7 \times A = 322$

이고 양변을 7으로 나누면 $\dfrac{13}{2}d + 3A = 46$이다.

$a_6 = \dfrac{11}{2}d + A$가 11의 배수이고 $\dfrac{13}{2}d + 3A = 46$이므로

$A = 11$, $d = 2$이다.

따라서 $S_n = n^2 + 11n$이다.

$a_1 + a_5 = 2a_3 = 2(S_3 - S_2) = 2(42 - 26) = 32$

087.   정답 ③

이차방정식 $a_2 x^2 - (a_3 + 36)x + 16a_4 = 0$의 서로 다른 두 실근 a_3, a_5이므로 근과 계수와의 관계에서

$a_3 + a_5 = \dfrac{a_3 + 36}{a_2}$ ······ $\bigcirc$

$a_3 \times a_5 = \dfrac{16a_4}{a_2}$ ······ $\bigcirc\hspace{-0.9em}\bigcirc$

가 성립한다.

등비수열 $\{a_n\}$의 첫째항을 a_1 $(a_1 > 0)$, 공비를 r $(r > 0)$이라 하면

$\bigcirc\hspace{-0.9em}\bigcirc$에서 $a_1 r^2 \times a_1 r^4 = \dfrac{16a_1 r^3}{a_1 r}$

$a_1^2 r^4 = 16$이므로 $a_1 r^2 = 4$이다. ······ $\bigcirc\hspace{-0.9em}\bigcirc\hspace{-0.9em}\bigcirc$

$\bigcirc$에서 $a_1 r^2 + a_1 r^4 = \dfrac{a_1 r^2 + 36}{a_1 r}$

$4 + 4r^2 = 10r$

$2r^2 - 5r + 2 = 0$

$(2r - 1)(r - 2) = 0$

$r = \dfrac{1}{2}$ 또는 $r = 2$

$\bigcirc\hspace{-0.9em}\bigcirc\hspace{-0.9em}\bigcirc$에서 $a_1 = 16$ 또는 $a_1 = 1$이다.

따라서 모든 a_1의 곱은 16이다.

088.   정답_2

등비수열 $\{a_n\}$의 첫째항을 a $(a > 0)$, 공비를 r $(r > 1)$이라 하면

$a_n = ar^{n-1}$이다.

$\log_2 a_k = \log_2 ar^{k-1} = \log_2 a + (k-1)\log_2 r$

그러므로 수열 $\{\log_2 a_k\}$는 첫째항이 $\log_2 a$이고 공차가 $\log_2 r$인 등차수열이다.

$\displaystyle\sum_{k=1}^{3n} \log_2 a_k = \dfrac{3n\{2\log_2 a + (3n-1)\log_2 r\}}{2}$

$\displaystyle\sum_{k=1}^{3n} \log_2 a_k = pn^2$에서

$\dfrac{9}{2}(\log_2 r)n^2 + \dfrac{3}{2}(2\log_2 a - \log_2 r)n = pn^2$

이 식이 모든 자연수 n에 대하여 성립하므로

$\frac{9}{2}(\log_2 r) = p$에서 $\log_2 r = \frac{2}{9}p$

$\frac{3}{2}(2\log_2 a - \log_2 r) = 0$에서 $2\log_2 a = \log_2 r = \frac{2}{9}p$

$\log_2 a = \frac{1}{9}p$

$c_n = \log_2 a_n$이라 두고 조건 (나)의 관계식을 반복 적용해보면

$b_2 = c_1 + c_2$

$b_3 = c_1 + c_2 - c_3$

$b_4 = -c_1 - c_2 + c_3 + c_4$

수열 $\{\log_2 a_n\}$은 공차가 $\log_2 r$인 등차수열이므로

$b_4 = (c_3 - c_1) + (c_4 - c_2) = 4\log_2 r = 2$

$\frac{8}{9}p = 2$

그러므로 $p = \frac{9}{4}$

다시, 조건 (나)의 관계식을 반복 적용해보면

$b_5 = 2 - c_5$

$b_6 = c_5 - 2 + c_6$

$b_7 = c_5 - 2 + c_6 - c_7$

$b_8 = 2 - c_5 - c_6 + c_7 + c_8 = 2 + (c_7 - c_5) + (c_8 - c_6) = 2 + 4\log_2 r = 4$

위와 같은 과정을 반복하면,

$b_{20} = 10$

$b_{21} = 10 - c_{21}$

수열 $\{c_n\}$는 첫째항이 $\frac{1}{9}p = \frac{1}{4}$이고 공차가 $\frac{2}{9}p = \frac{1}{2}$인

등차수열이므로

$c_{21} = \frac{1}{4} + (21-1) \times \frac{1}{2} = \frac{41}{4}$ 이고

$b_{21} = 10 - c_{21} = -\frac{1}{4}$

따라서 $p + b_{21} = \frac{9}{4} - \frac{1}{4} = 2$

089.

[출제자 : 오세준T]

$8^{6-\frac{k}{2}} = 2^{18-\frac{3k}{2}}$ 가 자연수가 되려면

$k = \frac{2q}{3} \ (q = 1,\ 2,\ 3,\ \cdots,\ 18) \cdots$ ㉠

수열 $\{a_n\}$은 첫째항과 공비가 모두 $\frac{1}{3}$인 등비수열이므로

$a_n = \left(\frac{1}{3}\right)^n$

$\frac{18}{a_n k} = N$(N은 자연수)라 하면

$N = \frac{2 \times 3^{n+2}}{k} = \frac{2 \times 3^{n+2}}{\frac{2q}{3}} = \frac{3^{n+3}}{q} \ (\because ㉠)$

N은 자연수이므로 가능한 q는 1, 3, 9 $(\because ㉠)$

따라서 N은 3^{n+3}, 3^{n+2}, 3^{n+1}이고 합은

$3^n(27 + 9 + 3) = 39 \cdot 3^n$

$\therefore l = 39$

090.

[출제자 : 김수T]

등차수열 $\{a_n\}$의 공차를 d라 하자.

$$b_n = \sum_{k=1}^{n} (-1)^{k+1} a_k$$

에 $n=1$과 $n=2$를 대입하면

$b_1 = a_1, \ b_2 = a_1 - a_2 = -d$

이고,

$b_{2n+1} - b_{2n-1} = (-1)^{2n+2} a_{2n+1} + (-1)^{2n+1} a_{2n} = d$

$b_{2n+2} - b_{2n} = (-1)^{2n+3} a_{2n+2} + (-1)^{2n+2} a_{2n+1} = -d$

이므로

수열 $\{b_{2n-1}\}$은 첫째항이 a_1, 공차가 d인 등차수열

수열 $\{b_{2n}\}$은 첫째항과 공차가 모두 $-d$인 등차수열

임을 알 수 있고, (나) 조건에서

$$b_{10} = b_2 - 4d = -5d = -4 \Rightarrow d = \frac{4}{5}$$

을 얻는다.

따라서 모든 자연수 n에 대하여

$$b_{2n-1} = a_1 + \frac{4}{5}(n-1), \ b_{2n} = -\frac{4}{5}n$$

이므로

모든 자연수 n에 대하여 $b_{2n} < 0$

이고, (다) 조건에 의해

$$b_{17} = a_1 + \frac{32}{5} \le 0, \ b_{19} = a_1 + \frac{36}{5} > 0$$

$\Rightarrow -\frac{36}{5} < a_1 \le -\frac{32}{5}$

$\Rightarrow a_1 = -7 \ (\because a_1$ 은 정수$)$

임을 알 수 있다.

$\therefore a_n = -7 + \frac{4}{5}(n-1) \Rightarrow a_{31} = 17$

091.

등차중항 성질에 의해

$a_n + a_{n+2} = 2a_{n+1}$이므로 $b_n = 3|a_{n+1}|$이다.

$a_{n+1} = dn + a_1$에서

$b_n = 3|dn + a_1|$

(가)에서 $\dfrac{39}{2} < -\dfrac{a_1}{d} < \dfrac{41}{2}$ …㉠

(나)에서 $b_{18} < 0$, $b_{22} > 0$이므로

$b_{18} = -3(18d + a_1) = -54d - 3a_1$

$b_{22} = 3(22d + a_1) = 66d + 3a_1$

$b_{18} + b_{22} = 12d = 48$

$\therefore\ d = 4$

㉠에서 $-82 < a_1 < -78$

따라서 $a_1 = -81$, -80, -79가 가능하다.

그러므로 모든 a_1의 합은 -240이다.

092. 정답 ④

[출제자 : 오세준T]

등비수열 $\{a_n\}$의 일반항은 $a_n = (-2)^{n-1}$이므로

$S_n = \displaystyle\sum_{k=1}^{n} b_k$

$= \dfrac{1}{4} \displaystyle\sum_{k=1}^{n} (a_{k+1} - a_k)$

$= \dfrac{1}{4} \{(a_2 - a_1) + (a_3 - a_2) + \cdots + (a_{n+1} - a_n)\}$

$= \dfrac{1}{4}(a_{n+1} - a_1)$

$= \dfrac{1}{4} \{(-2)^n - 1\}$ …㉠

$(S_n)^2 + 30S_n - 99 \leq 0$에서 $(S_n + 33)(S_n - 3) \leq 0$

$-33 \leq S_n \leq 3$

$-33 \leq \dfrac{1}{4}\{(-2)^n - 1\} \leq 3$ (∵ ㉠)

$-132 \leq (-2)^n - 1 \leq 12$

$-131 \leq (-2)^n \leq 13$

(i) n이 짝수이면 $-131 \leq 2^n \leq 13$이므로 $n = 2$

(ii) n이 홀수이면 $-131 \leq -2^n \leq 13$,

$-13 \leq 2^n \leq 131$이므로 $n = 1$, 3, 5, 7

따라서 $n = 1$, 2, 3, 5, 7이므로 모든 자연수 n의 합은
18이다.

093. 정답 ②

[출제자 : 오세준T]

세 함수가 $y = n$과 만나는 점은

$A\left(\dfrac{n^2}{4} + 3,\ n\right)$, $B\left(\dfrac{n^2}{m} + 2,\ n\right)$, $C(n^2,\ n)$이므로

$\overline{QA} - 3 = \dfrac{n^2}{4}$, $\overline{QB} = \dfrac{n^2}{m} + 2$, $\overline{QC} = n^2$

조건 (가)에서

$\overline{QA} - 3$, $\overline{QB}$, $\overline{QC}$는 이 순서대로 등차수열을 이루므로

$2\left(\dfrac{n^2}{m} + 2\right) = \dfrac{n^2}{4} + 3 - 3 + n^2$

정리하면

$\dfrac{2n^2}{m} + 4 = \dfrac{5n^2}{4}$

$\left(\dfrac{5}{4} - \dfrac{2}{m}\right)n^2 = 4$ … ㉠

세 함수의 교점 P를 구하면

$\sqrt{4(x-3)} = \sqrt{x}$ 이므로 $x = 4$이고 $P(4,\ 2)$이고 점 P가

$y = \sqrt{m(x-2)}$ 위의 점이므로 $2 = \sqrt{2m}$ 에서

$m = 2$이다. … ㉡

㉡을 ㉠에 대입하면

$\left(\dfrac{5}{4} - \dfrac{2}{2}\right)n^2 = 4$, $\dfrac{1}{4}n^2 = 4$

$\therefore\ n = 4$ (∵ $n > 0$)

따라서 $m + n = 2 + 4 = 6$

094. 정답 ②

$\displaystyle\sum_{k=1}^{19} a_k(b_{20-k} + b_k)$

$= \displaystyle\sum_{k=1}^{19} a_k b_{20-k} + \displaystyle\sum_{k=1}^{19} a_k b_k$

$= (a_1 b_{19} + a_2 b_{19} + \cdots + a_{19} b_1) + (a_1 b_1 + a_2 b_2 + \cdots + a_{19} b_{19})$

$= (a_{19} b_1 + a_{18} b_2 + \cdots + a_1 b_{19}) + (a_1 b_1 + a_2 b_2 + \cdots + a_{19} b_{19})$

$= b_1(a_{19} + a_1) + b_2(a_{18} + a_2) + b_3(a_{17} + a_3) + \cdots + b_{19}(a_1 + a_{19})$

$= b_1(2a_{10}) + b_2(2a_{10}) + \cdots + b_{19}(2a_{10})$

$= 20(b_1 + b_2 + \cdots + b_{19})$

$= 20 \displaystyle\sum_{k=1}^{19} b_k = 200$

$\therefore\ \displaystyle\sum_{k=1}^{19} b_k = 10$

095. 정답 ①

[출제자 : 정일권T]

$\dfrac{a_{n+1}}{a_n} = 2$ ⇨ 수열 $\{a_n\}$은 공비가 2인 등비수열이다.

따라서 수열 $\{a_n\}$의 초항을 a라 두면

$a_n = a \times 2^{n-1}$

$\dfrac{S_n}{a_n} = \dfrac{T_n}{4}$, $4S_n = a_n T_n$

$4 \times \dfrac{a\{2^n - 1\}}{2 - 1} = a \times 2^{n-1} \times \dfrac{\dfrac{1}{a}\left\{1 - \left(\dfrac{1}{2}\right)^n\right\}}{1 - \dfrac{1}{2}}$

$4a(2^n - 1) = 2^n\left\{1 - \left(\dfrac{1}{2}\right)^n\right\}$

$\therefore a = \dfrac{1}{4}$, $a_{10} = \dfrac{1}{4} \times 2^9 = 2^7$

096.
정답_①

(나)에서

$\displaystyle\sum_{n=1}^{4} |a_n - 2d| + 1$

$= |a_1 - 2d| + |a_2 - 2d| + |a_3 - 2d| + |a_4 - 2d| + 1$

$= |a_1 - 2d| + |a_1 - d| + |a_1| + |a_1 + d| + 1$

$= -a_1 + 2d - a_1 + d + |a_1| + a_1 + d + 1$

$= |a_1| - a_1 + 4d + 1$

$2|a_1| + |a_3| + |a_5|$

$= 2|a_1| + a_3 + a_5$

$= 2|a_1| + a_1 + 2d + a_1 + 4d$

$= 2|a_1| + 2a_1 + 6d$

그러므로

$|a_1| - a_1 + 4d + 1 = 2|a_1| + 2a_1 + 6d$

$|a_1| + 3a_1 = -2d + 1$

(i) $-d < a_1 < 0$일 때,

$|a_1| + 3a_1 = -2d + 1$

$2a_1 = -2d + 1$

$a_1 = -d + \dfrac{1}{2}$

$-d < -d + \dfrac{1}{2} < 0$

$0 < \dfrac{1}{2} < d$

에서 공차 d가 자연수이므로 조건을 만족시킨다.

$a_{10} = a_1 + 9d = \left(-d + \dfrac{1}{2}\right) + 9d = 8d + \dfrac{1}{2} = \dfrac{81}{2}$

$\therefore d = 5$

그러므로 $a_1 = -5 + \dfrac{1}{2} = -\dfrac{9}{2}$

(ii) $0 \le a_1 < d$일 때,

$|a_1| + 3a_1 = -2d + 1$

$4a_1 = -2d + 1$

$a_1 = \dfrac{-2d + 1}{4}$

$0 \le \dfrac{-2d + 1}{4} < d$

$0 \le -2d + 1 < 4d$

$2d \le 1 < 6d$, $\dfrac{1}{6} < d \le \dfrac{1}{2}$에서 $d > 1$조건에 모순이다.

(i), (ii)에서 $a_1 = -\dfrac{9}{2}$

097.
정답_144

[출제자 : 김종렬T]

S_n의 최댓값이 존재하므로 첫째항은 양수이고 공차가 음수

$\therefore a_n = dn + k$ (d는 공차, $d < 0$)이다.

그러므로

$a_{2n-1} + a_{2n+1} + a_{2n+3} + a_{2n+5}$

$= -(12n - 36) = -12n + 36$

$a_{2n-1} = d(2n-1) + k$, $a_{2n+1} = d(2n+1) + k$,

$a_{2n+3} = d(2n+3) + k$,

$a_{2n+5} = d(2n+5) + k$ 이고

$a_{2n-1} + a_{2n+1} + a_{2n+3} + a_{2n+5}$

$= 8dn + 8d + 4k$

$= -12n + 36$

$d = -\dfrac{3}{2}$, $k = 12$이므로 $a_n = -\dfrac{3}{2}n + 12$이다.

a_n이 정수가 되려면 짝수번째 항이어야 하므로

$a_{2m} = -3m + 12 = b_m$ (m은 자연수)이다.

$\therefore \displaystyle\sum_{n=1}^{8} b_n = \sum_{k=1}^{8} a_{2k} = \sum_{k=1}^{8}\{-3k + 12\} = -12$

그러므로 $\left(\displaystyle\sum_{n=1}^{8} b_n\right)^2 = 144$이다.

098.
정답_④

[출제자 : 오세준T]

$A = \left\{\dfrac{2}{r}, 2, 2r, 2r^2, 2r^3\right\}$이므로

집합 A의 원소는 공비가 r이다.

또한, 공비 r은 음수이므로

각 항의 부호는 차례대로 $-$, $+$, $-$, $+$, $-$이다.

$B = \{8,\ 8r^3,\ 8r^6,\ 8r^9,\ 8r^{12}\}$이므로

집합 B의 원소는 공비가 r^3이다.

또한, 공비 r^3은 음수이므로

각 항의 부호는 차례대로 $+$, $-$, $+$, $-$, $+$이다.

따라서 가능한 경우는

$a_1 = b_2$, $a_4 = b_3$ 또는 $a_1 = b_4$, $a_4 = b_5$ 또는

$a_2 = b_3$, $a_5 = b_4$

(ⅰ) $a_1 = b_2$, $a_4 = b_3$인 경우

$$\frac{2}{r} = 8r^3,\ r^4 = \frac{1}{4}$$

(ⅱ) $a_1 = b_4$, $a_4 = b_5$인 경우

$$\frac{2}{r} = 8r^9,\ r^{10} = \frac{1}{4}$$

(ⅲ) $a_2 = b_3$, $a_5 = b_4$인 경우

$$2 = 8r^6,\ r^6 = \frac{1}{4}$$

따라서 $r^n = \dfrac{1}{4}$을 만족하는 모든 n의 값의 합은

$4 + 10 + 6 = 20$

099.

정답_①

등차수열 $\{a_n\}$의 공차를 d (0이 아닌 정수)라 하면

$a_n = dn - 2d + 6$이라 할 수 있다.

따라서

$b_n = \dfrac{3}{2}(dn - 2d + 6) + \dfrac{1}{2}(dn - d + 6)$

$\quad = 2dn - \dfrac{7}{2}d + 12$ ··· ㉠

	1	2	3	4	5
a_n	$6-d$	6	$6+d$	$6+2d$	$6+3d$
b_n	$12 - \dfrac{3d}{2}$	$12 + \dfrac{d}{2}$	$12 + \dfrac{5d}{2}$	$12 + \dfrac{9d}{2}$	$12 + \dfrac{13d}{2}$

	6	7
a_n	$6+4d$	$6+5d$
b_n	$12 + \dfrac{17d}{2}$	$12 + \dfrac{21d}{2}$

수열 $\{a_n\}$은 공차가 d인 등차수열이고 수열 $\{b_n\}$은 공차가 $2d$인 등차수열이다. 따라서 $a_p = b_q$을 만족시키는 (p, q)의 개수가 4이기 위해서는 p의 값은 1, 3, 5, 7일 수밖에 없다. 따라서 $a_1 = b_1$, $a_1 = b_2$, $a_1 = b_3$, $a_1 = b_4$인 경우만 생각하면 되겠다.

(ⅰ) $a_1 = b_1$이면

$a_3 = b_2$, $a_5 = b_3$, $a_7 = b_4$ 으로 $a_p = b_q$을 만족시키는 순서쌍 (p, q)의 개수가 4이다.

$6 - d = 12 - \dfrac{3d}{2}$

$\dfrac{1}{2}d = 6$

∴ $d = 12$

(ⅱ) $a_1 = b_2$이면

$a_3 = b_3$, $a_5 = b_4$, $a_7 = b_5$ 으로 $a_p = b_q$을 만족시키는 순서쌍 (p, q)의 개수가 4이다.

$6 - d = 12 + \dfrac{d}{2}$

$-\dfrac{3}{2}d = 6$

∴ $d = -4$

(ⅲ) $a_1 = b_3$이면

$a_3 = b_4$, $a_5 = b_5$, $a_7 = b_6$ 으로 $a_p = b_q$을 만족시키는 순서쌍 (p, q)의 개수가 4이다.

$6 - d = 12 + \dfrac{5d}{2}$

$-\dfrac{7}{2}d = 6$

∴ $d = -\dfrac{12}{7}$ (모순)

(ⅳ) $a_1 = b_4$이면

$a_3 = b_5$, $a_5 = b_6$, $a_7 = b_7$ 으로 $a_p = b_q$을 만족시키는 순서쌍 (p, q)의 개수가 4이다.

$6 - d = 12 + \dfrac{9d}{2}$

$-\dfrac{11}{2}d = 6$

∴ $d = -\dfrac{12}{11}$ (모순)

(ⅰ)~(ⅳ)에서

$d = 12$ 또는 $d = -4$뿐이다.

㉠에서 $b_n = 24n - 30$ 또는 $b_n = -8n + 26$이다.

$b_{10} = 210$ 또는 $b_{10} = -54$

그러므로 모든 b_{10}의 합은 $210 + (-54) = 156$

100.

정답_③

[출제자 : 김진성T]

등차수열 $\{a_n\}$의 첫째항을 a라 하면

조건(나)에서 $-5 < a-5m < -2.5$

조건(다)에서 $a_m = a-5m+5 > 0$

, $a_{m+1} = a-5m < 0$, $a_{m+2} = a-5m-5 < 0$ 이므로

$|a_m|+|a_{m+1}|+|a_{m+2}| < 14$ 에서

$5-(a-5m-5) < 14$ 이고 $-4 < a-5m$ 이다.

$\therefore$ $-4 < a-5m < -2.5$ 이므로 $a-5m = -3$

$5 < a_{19} < 15$ 에서 $95 < a < 105$ 이므로 $m = 20, 21$

이고 m의 값들의 합은 41이다.

101.

정답_⑤

[검토자 : 최병길T]

$a_5 = 24$이므로

$|a_5-|a_4|| = 24$에서 $|a_4| = 0$ 또는 $|a_4| = 48$이다.

따라서 $a_4 = 0$ or 48 or -48이다.

$a_4 = -48$이면 $|a_4-|a_3|| = 18 \rightarrow |-48-|a_3|| = 18$로

a_3의 값이 존재하지 않는다.

위와 같은 방식으로 아래와 같이 표를 구성할 수 있다.

a_4	a_3	a_2	a_1
0	-18		$-$
	18	6	0
			$12, -12$
		30	$24, -24$
			$36, -36$
48	30 (-30제외)	18	$12, -12$
			$24, -24$
		42	$36, -36$
			$48, -48$
	66 (-66제외)	54	$48, -48$
			$60, -60$
		78	$72, -72$
			$84, -84$

따라서 가능한 a_1의 가지수는 15이다.

다른 풀이 - 최병길T

$|y-|x|| = 6n$에서 $y-|x| = \pm 6n$

$f_n(x) = y = |x| \pm 6n$의 그래프의 개형은 다음과 같다.

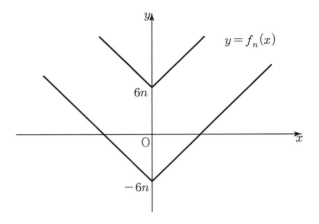

이 경우 a_{n+1}의 값이 주어진 경우 a_n의 가능한 값은

$f^{-1}(a_{n+1})$의 원소이다.

(단, $f_n^{-1}(y) = \{x|f_n(x) = y\}$)

i)$n = 4$인 경우; $f_4(x) = |x| \pm 24$의 그래프는 다음과

같고, $a_5 = 24$이므로

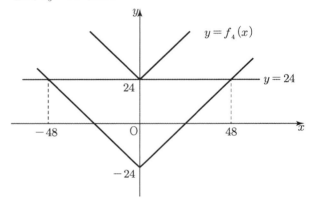

$f_4^{-1}(24) = \{0, \pm 48\}$ 따라서 $a_4 = -48, \ 0, \ 48$

ii)$n = 3$인 경우: $f_3(x) = x \pm 18$이고 $a_4 < -18$인 경우

$f_3^{-1}(a_4)$은 공집합이 된다.

$a_4 = -48$인 경우 a_3의 값은 존재할 수

없고, $f_3^{-1}(0) = \{\pm 18\}$,

$f_3^{-1}(48) = \{\pm(48+18), \ \pm(48-18)\}$이므로

따라서, $a_3 = \pm 18, \ \pm 66, \ \pm 30$

iii)$n = 2$인 경우: $f_2(x) = |x| \pm 12$이고 ii)와 마찬가지로

가능한 a_2의 값은

$\pm 6, \ \pm 30, \ \pm 78, \ \pm 54, \ \pm 42, \ \pm 18$이 있다.

iv)$n = 1$인 경우: $f_1(x) = |x| \pm 6$이고 a_2와 a_1에 관한

대응표를 만들어 보면 다음과 같다.

a_2	-6	6	18	30	42	54	78
a_1	0	± 12	± 24	± 36	± 48	± 60	± 84
		0	± 12	± 24	± 36	± 48	± 72

따라서, 가능한 a_1의 개수는 $2 \times 7 + 1 = 15$가지

102.

정답 ⑤

[검토자 : 백상민T]

(i) n이 홀수 일 때,

① m이 홀수인 경우

$m + n$의 값은 짝수이므로

$a_{m+n} = 4^{m+n}$, $a_m = 2^m$, $a_n = 2^n$으로

$4^{m+n} = 2^{m+n}$을 만족시키는 자연수 m, n은 존재하지 않는다.

② m이 짝수인 경우

$m + n$의 값은 홀수이므로

$a_{m+n} = 2^{m+n}$, $a_m = 4^m$, $a_n = 2^n$으로

$2^{m+n} = 2^{2m+n}$을 만족시키는 자연수 m, n은 존재하지 않는다.

(ii) n이 짝수 일 때,

① m이 홀수인 경우

$m + n$의 값은 홀수이므로

$a_{m+n} = 2^{m+n}$, $a_m = 2^m$, $a_n = 4^n$으로

$2^{m+n} = 2^{m+2n}$을 만족시키는 자연수 m, n은 존재하지 않는다.

② m이 짝수인 경우

$m + n$의 값은 짝수이므로

$a_{m+n} = 4^{m+n}$, $a_m = 4^m$, $a_n = 4^n$으로

$4^{m+n} = 4^{m+n}$으로 조건을 만족시킨다.

(i), (ii)에서 m과 n이 모두 짝수일 때만 $a_{m+n} = a_m a_n$을 만족시킨다.

따라서

$b_1 = b_3 = b_5 = \cdots = 0$

$b_2 = 1$, $b_4 = 2$, $b_6 = 3$, $\cdots$, $b_{2k} = k$이다.

따라서

$$\sum_{n=1}^{50} b_n = \sum_{k=1}^{25} k = \frac{25 \times 26}{2} = 325$$

103.

정답 ②

$a_n < 0$이면 $a_{n+1} = 4^{a_n}$,

$a_{n+2} = \log_2 a_{n+1} = \log_2 4^{a_n} = 2a_n$ 이다. $\cdots\cdots$ ㉠

i) $a_1 < 0$ 일 때

㉠ 에 의하여 $a_3 = 2a_1$, $a_5 = 4a_1$, $a_7 = 8a_1$ 이다.

$a_7 = 8a_1 = -16$이므로 $a_1 = -2$이고 $a_1 < 0$이므로 조건에 합당하다.

$\therefore a_1 = -2$

ii) $0 < a_1 < 1$ 일 때

$a_2 = \log_2 a_1$ 이므로 $a_2 < 0$ 이다. ㉠ 에 의하여

$a_4 = 2a_2$, $a_6 = 4a_2$, $a_7 = 4^{a_6} > 0$

따라서 $a_7 > 0$이므로 a_7은 -16 값을 가질 수 없다.

iii) $1 < a_1 < 2$ 일 때

$a_2 = \log_2 a_1$ $(0 < a_2 < 1)$

$a_3 = \log_2 a_2$ $(a_3 < 0)$이므로 ㉠ 에 의하여

$a_5 = 2a_3$, $a_7 = 4a_3 = 4\log_2(\log_2 a_1)$ 이다.

$a_7 = 4\log_2(\log_2 a_1) = -16$이므로 $\log_2(\log_2 a_1) = -4$,

$\log_2 a_1 = 2^{-4} = \frac{1}{16}$, $a_1 = 2^{\frac{1}{16}}$ 이고 $1 < a_1 < 2$이므로 조건에 합당하다.

$\therefore a_1 = 2^{\frac{1}{16}}$

iv) $a_1 = 0$ 또는 $a_1 = 1$이면 a_n은 0과 1 의 값만 가지게 되어 $a_7 = -16$를 가질 수 없다.

ⅰ)~ⅳ)에서 $a_1 = -2$ 또는 $a_1 = 2^{\frac{1}{16}}$ 이므로

$k = -2 \times 2^{\frac{1}{16}} = -2^{\frac{17}{16}}$

따라서 $\log_2 |k| = \frac{17}{16}$ 이므로 $p = 17$, $q = 16$

$\therefore p + q = 33$

104.

정답 ③

$a_3 = 1$이므로 $a_2 = 12$이다.

$a_2 = 12$일 때, a_1의 값은 1 또는 56이 가능하다.

a_1	a_2	a_3	a_4	a_5	a_6	$\cdots$
1	12	1	12	1	12	$\cdots$
56						

따라서

$a_1 = 56$일 때, $\displaystyle\sum_{n=1}^{20} a_n$ 가 최댓값을 갖는다.

$\displaystyle\sum_{n=1}^{20} a_n$

$= (56 + 12) + 9 \times (1 + 12)$

$= 68 + 117$

$= 185$

105.

a_1이 자연수이고 2이상의 모든 자연수 n에 대하여 na_1도
자연수이므로

$$a_{n+1} = \begin{cases} na_1 & (a_n < 0) \\ a_n - 3 & (a_n \geq 0) \end{cases}$$

에서 수열 $\{a_n\}$의 모든 항은 -3이상인 정수이다.

$a_7 < 0$이면 $a_8 = 7a_1 > 0$이므로 $a_8 < 0$에 모순이다.

따라서 $a_7 \geq 0$이고 $a_8 = a_7 - 3 < 0$이므로

$0 \leq a_7 < 3$이다.

즉, a_7의 값은 0, 1, 2가 가능하다.

(i) $a_7 = 0$일 때,

a_7은 자연수가 아니므로 $a_6 = 3$

a_6은 5의 배수가 아니므로 $a_5 = 6$

a_5는 4의 배수가 아니므로 $a_4 = 9$

a_4는 3의 배수이므로

① $a_4 = 3a_1$일 때,

$a_1 = 3$, $a_2 = 0$, $a_3 = -3$, $a_4 = 9$

로 만족한다.

∴ $a_1 = 3$

② $a_4 = a_3 - 3$일 때, $a_3 = 12$

a_3가 2의 배수이므로

㉠ $a_3 = 2a_1$일 때로 보면 $a_1 = 6$이고

$a_2 = 3$, $a_3 = 0 \neq 12$으로 모순

㉡ $a_3 = a_2 - 3$으로 볼 때,

$a_2 = 15$, $a_1 = 18$이다.

∴ $a_1 = 18$

(ii) $a_7 = 1$일 때,

a_7은 6의 배수가 아니므로 $a_6 = 4$

a_6은 5의 배수가 아니므로 $a_5 = 7$

a_5는 4의 배수가 아니므로 $a_4 = 10$

a_4는 3의 배수가 아니므로 $a_3 = 13$

a_3는 2의 배수가 아니므로 $a_2 = 16$

$a_2 = a_1 - 3$에서 $a_1 = 19$

∴ $a_1 = 19$

(iii) $a_7 = 2$일 때,

a_7은 6의 배수가 아니므로 $a_6 = 5$

a_6은 5의 배수이므로

① $a_6 = 5a_1$에서 $a_1 = 1$

$a_2 = -2$, $a_3 = 2$, $a_4 = -1$, $a_5 = 4$, $a_6 = 1$로 모순

② $a_6 = a_5 - 3$에서 $a_5 = 8$

a_5는 4의 배수이므로

㉠ $a_5 = 4a_1$에서 $a_1 = 2$

$a_2 = -1$, $a_3 = 4$, $a_4 = 1$, $a_5 = -2$로 모순

㉡ $a_5 = a_4 - 3$에서 $a_4 = 11$

a_4가 3의 배수가 아니므로 $a_3 = 14$

a_3가 2의 배수이므로 $a_3 = 2a_1$, $a_1 = 7$이 가능

$a_1 = 7$, $a_2 = 4$, $a_3 = 1$로 모순

$a_3 = a_2 - 3$에서 $a_2 = 17$

∴ $a_1 = 20$

(i), (ii), (iii)에서 가능한 a_1의 값의 합은

$3 + 18 + 19 + 20 = 60$

106.

정수 k에 대하여 $a_5 + a_6 = 5$을 만족시키는 a_5과 a_6을
구해보자.

$a_5 = 2k - 1$일 때, $a_6 = 2^{(2k-1)+1} = 4^k$이므로

$(2k-1) + 4^k = 5$을 만족시키는 정수 k의 값은 1뿐이다.

따라서 $a_5 = 1$, $a_6 = 4$이 가능하다.

$a_5 = 2k$일 때, $a_6 = \frac{1}{2}(2k) + 2 = k + 2$

$2k + (k+2) = 5$을 만족시키는 정수 k의 값은 1뿐이다.

따라서 $a_5 = 2$, $a_4 = 3$이 가능하다.

그러므로

(i) $a_5 = 1$, $a_6 = 4$일 때,

a_1	a_2	a_3	a_4	a_5	a_6
-36	-16	-6	-1	1	4
-44	-20	-8	-2		

가능한 a_1의 값은 -36, -44이다.

(ii) $a_5 = 2$, $a_6 = 3$일 때,

a_1	a_2	a_3	a_4	a_5	a_6
-28	-12	-4	0	2	3

가능한 a_1은 -28이다.

(i), (ii)에서 가능한 모든 a_1의 합은 -108이다.

107.

[출제자 : 이소영T]

일단 b_1이 3배수일 때와 3배수가 아닐 때로 나누어 생각한다.

(1) $b_1 = 3k$라 하면 $20 \le b_1 \le 29$인 자연수이므로 $k = 7$, 8, 9가능

$b_2 = 2b_1 - a_1 = 6k - a_1$

(i) $a_1 = 3$배수라면 b_2도 3배수이므로

$b_3 = 2b_2 - a_2 = 2(6k - a_1) - (a_1 + 6) = 12k - 3a_1 - 6$

$b_1 + b_3 = 36$이므로

$15k - 3a_1 - 6 = 36$

$a_1 = 5k - 14\,(a_1 = 3$배수$)$

$k = 7$일 때만 $a_1 = 21$으로 성립한다.

(ii) $a_1 \ne 3$배수라면 b_2도 3배수가 아니므로

$b_3 = b_2 - 2a_3 = 6k - a_1 - 2(a_1 + 12) = 6k - 3a_1 - 24$

$b_1 + b_3 = 36$이므로

$9k - 3a_1 - 24 = 36$

$a_1 = 3k - 20\,(a_1 \ne 3$배수$)$

$k = 7$이면 $a_1 = 1$, $k = 8$이면 $a_1 = 4$, $k = 9$이면 $a_1 = 7$ 모두 가능하다.

(2) $b_1 \ne 3$배수라면

$b_2 = b_1 - 2a_2 = b_1 - 2(a_1 + 6) = b_1 - 2a_1 - 12$

(i) $b_2 = 3$배수라면

$b_3 = 2b_2 - a_2 = 2(b_1 - 2a_1 - 12) - (a_1 + 6) = 2b_1 - 5a_1 - 30$

$b_1 + b_3 = 36$이므로 $3b_1 - 5a_1 - 30 = 36$

$b_1 = \dfrac{5}{3}a_1 + 22$이고 $20 \le b_1 \le 30$이므로 $a_1 = 3$일 때

$b_1 = 27\,(3$배수$)$이므로 제외

(ii) $b_2 \ne 3$배수라면

$b_3 = b_2 - 2a_3$

$= (b_1 - 2a_1 - 12) - 2(a_1 + 12) = -4a_1 + b_1 - 36$

$b_1 + b_3 = 36$이므로 $2b_1 - 4a_1 - 36 = 36$

$b_1 = 2a_1 + 36$이고 a_1은 자연수이므로 $20 \le b_1 \le 29$을 만족하는 a_1은 존재하지 않는다.

위의 식에서 모두 만족하는 a_1은 1, 4, 7, 21이고, a_1의 합은 33이다.

108.

(나)에 의해서

$|a_1| < 9$, $|a_2| < 9 \Leftrightarrow |a_1| < 9$, $||a_1| - 10| < 9 \Leftrightarrow$ $|a_1| < 9$, $1 < |a_1| < 19 \Leftrightarrow 1 < |a_1| < 9$

따라서, $1 < |a_1| < 9$이면 귀납적으로 모든 자연수 n에 대하여 $|a_n| < 9$임을 알 수 있다.

따라서,

ⅰ) $1 < |a_1| < 9$일 때, $a_2 = |a_1| - 10 < 0$이므로 $a_3 = |a_2| - 10 = -|a_1|$이 되므로 이와 같이 표를 완성하면 다음과 같다.

a_1	a_2	a_3	a_4	a_5
a_1	$|a_1| - 10$	$-|a_1|$	$|a_1| - 10$	$-|a_1|$

a_6	a_7
$|a_1| - 10$	$-|a_1|$

$$\sum_{n=1}^{7} a_n = a_1 - 30$$

a_1이 정수이면 $\displaystyle\sum_{n=1}^{7} a_n$도 정수가 되므로 이를 만족하는 $a_1 = -8, -7, \cdots, -2, 2, \cdots, 8$으로 총 14개다.

ⅱ) $-1 \le a_1 < 0$ 또는 $0 < a_1 \le 1$ 일 때, $-10 < a_2 = |a_1| - 10 \le -9$ 이므로 $a_3 = \dfrac{|a_1|}{3} - \dfrac{10}{3}$이 되고 $-\dfrac{10}{3} < a_3 \le -3$이 된다. 이와 같이 표를 완성하면 다음과 같다.

a_1	a_2	a_3	a_4
a_1	$|a_1| - 10$	$\dfrac{|a_1|}{3} - \dfrac{10}{3}$	$-\dfrac{20}{3} - \dfrac{|a_1|}{3}$

a_5	a_6	a_7
$\dfrac{|a_1|}{3} - \dfrac{10}{3}$	$-\dfrac{|a_1|}{3}$	$\dfrac{|a_1|}{3} - 10$

$$\sum_{n=1}^{7} a_n = a_1 + \dfrac{4}{3}|a_1| - 33 - \dfrac{1}{3},$$

(다)조건을 만족하기 위해서 $a_1 + \dfrac{4}{3}|a_1| - \dfrac{1}{3} = (*)$이

정수가 되면 된다.

$a_1 > 0$이면 (*) $= \dfrac{7}{3}a_1 - \dfrac{1}{3}$이 되어 $a_1 = \dfrac{1}{7}$, $\dfrac{4}{7}$,

$\dfrac{7}{7}(=1)$이면 (다)를 만족하고

$a_1 < 0$이면 (*) $= -\dfrac{1}{3}a_1 - \dfrac{1}{3} = -\dfrac{1}{3}(a_1 + 1)$이 되어

(다)를 만족하는 a_1값이 존재하지 않는다.

따라서, a_1의 개수는 3개.

iii) $9 \le |a_1| < 27$일 때, $3 \le |a_2| = \left|\dfrac{1}{3}a_1\right| < 9$가 되므로

표를 완성하면

a_1	a_2	a_3	a_4
a_1	$\dfrac{a_1}{3}$	$\dfrac{|a_1|}{3} - 10$	$-\dfrac{|a_1|}{3}$

a_5	a_6	a_7
$\dfrac{|a_1|}{3} - 10$	$-\dfrac{20}{3} - \dfrac{|a_1|}{3}$	$\dfrac{|a_1|}{3} - \dfrac{10}{3}$

$\displaystyle\sum_{n=1}^{7} a_n = \dfrac{4a_1 + |a_1|}{3} - 30$이 되고 정수가 되기 위해서는

$\dfrac{4a_1 + |a_1|}{3} = (**)$이 정수가 되면 된다.

$-27 < a_1 \le -9$이면 (**) $= a_1$이 되어

$a_1 = -26, -25, \cdots, -9$이면 주어진 조건을 만족하고

$9 \le a_1 < 27$이면 (**) $= \dfrac{5}{3}a_1$이되어

$a_1 = 9, 12, 15, 18, 21, 24$

따라서 주어진 조건을 만족하는 a_1의 개수는

$18 + 6 = 24$개.

iv) $27 \le |a_1| < 81$일 때,

$9 \le |a_2| < 27$, $3 \le |a_3| < 9$이므로 다음과 같이 표를

완성할 수 있다.

a_1	a_2	a_3	a_4	a_5
a_1	$\dfrac{a_1}{3}$	$\dfrac{a_1}{9}$	$\dfrac{|a_1|}{9} - 10$	$-\dfrac{|a_1|}{9}$

a_6	a_7
$\dfrac{|a_1|}{9} - 10$	$-\dfrac{|a_1|}{9}$

$\displaystyle\sum_{n=1}^{7} a_n = \dfrac{13}{9}a_1 - 20$이므로 $a_1 = \pm 27, \pm 36, \cdots, \pm 72$일

주어진 조건이 성립하고 a_1의 개수는 12개다.

따라서 주어진 조건을 만족하는 a_1의 총 개수는

$14 + 3 + 24 + 12 = 53$개다.

109. 정답_27

(가)식 양변과 (나)식 양변에 2를 곱하고 (다)식 양변에

4를 곱한 다음 변변 더하여

$a_{3n-1} + 2a_{3n} + 4a_{3n+1}$
$= (4a_n - 5) + 2(4a_n) + 4(-3a_n + 2) = 3$임을 이용하자.

$\displaystyle\sum_{k=1}^{10} 2^{k-1}a_k = a_1 + 2a_2 + 2^2 a_3 + 2^3 a_4 + \cdots + 2^9 a_{10}$

$= a_1 + 2(a_2 + 2a_3 + 4a_4) + 2^4 (a_5 + 2a_6 + 4a_7)$

$+ 2^7 (a_8 + 2a_9 + 4a_{10})$

$= a_1 + 3(2 + 16 + 128) = 436$

$\therefore a_1 = -2$

따라서 $a_{11} = 4a_4 - 5 = 4 \times (-3a_1 + 2) - 5 = 27$

110. 정답_①

주어진 조건을 정리하면 다음과 같다.

$a_n \le 0$이면 $a_n = -a_{n+1} + 2$

$a_n > 0$이면 $a_n = a_{n+1} + 1$

$a_4 \le 0$이면 $a_5 = -a_4 + 2$이므로 조건에 맞지 않다.

따라서 $a_4 > 0$이고 주어진 조건에 의하여 $a_5 = a_4 - 1$이다.

또한 $a_4 + a_5 = 3$이므로 연립하면 $a_4 = 2$, $a_5 = 1$이다.

위 조건을 고려하면서

$a_5 \to a_4 \to a_3 \to a_2 \to a_1$ 순으로 각항을 찾으면 다음

표와 같다.

a_1	a_2	a_3	a_4	a_5
	2			
1	1	0		
2				
3	−1		2	1
0		3		
−2	4			
5				

따라서 a_1으로 가능한 수는 $2, -2, 5$

∴ a_1 값들의 합은 5 이다.

111.

정답_③

a_n을 나열해 보면

$2, 4, 8, 16 / 3, 3 \times 2, 3 \times 4, 3 \times 8 / 11, 11 \times 2, 11 \times 4, 11 \times 8 / \cdots$

이므로

$$\sum_{n=1}^{14} a_n = (2+3+11) \times (1+2+4+8) + 75 + 75 \times 2$$
$$= 465$$

112.

정답_③

수열 $\{a_n\}$을 그래프로 나타내면 다음과 같다.

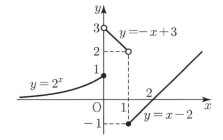

(i) $a_5 \leq 0$이면 $a_6 = 2^{a_5} \leq 1$이므로

$a_5 + a_6 = 0$을 만족시키기 위해서는 $a_5 = 0$, $a_6 = 0$이어야

하지만 $a_5 = 0$이면 $a_6 = 2^0 = 1$이 되고 $a_6 = 0$이면

$a_5 = 2$가 되어 조건에 맞지 않는다.

(ii) $0 < a_5 < 1$이면 $a_6 = -a_5 + 3$이므로

$a_5 + a_6 = 3 \neq 0$으로 모순이다.

(iii) $a_5 \geq 1$이면 $a_6 = a_5 - 2$이므로

$a_5 + a_6 = 2a_5 - 2 = 0$에서 $a_5 = 1$이다. 따라서 $a_6 = -1$

(i), (ii), (iii)에서 a_1은 다음과 같다.

a_6	a_5	a_4	a_3	a_2	a_1
−1	1	0	2	4	6
		3	5	7	9

모든 a_1의 합은 $6 + 9 = 15$이다.

113.

정답_⑤

(나) 조건에 의해 모든 자연수 n에 대하여

$a_n = 2n+1$ 또는 $a_n = -(2n+1)$

이므로

a_n, a_{n+1}, a_{n+2} 의 부호가 모두 같으면

$a_n + a_{n+2} = 2a_{n+1}$

$a_{n+1} < 0$ 이면 $a_n + a_{n+2} \geq 2a_{n+1}$

이므로 두 경우 모두 (다) 조건을 만족시키지 않는다.

따라서

$a_n + a_{n+2} < 2a_{n+1}$

을 만족시키려면

a_{n+1}은 양수이고, a_n, a_{n+2} 중 적어도 하나는 음수 $\cdots$

(※)

이어야 한다.

따라서 (가),(다) 조건에 의해

① $a_4 > 0$, $a_6 > 0$, a_3과 a_5 중 적어도 하나는 음수

② $n > 7$ 일 때 $a_n < 0$

임을 알 수 있다.

(i) $a_5 > 0$인 경우

$a_3 < 0$이므로

$a_2 > 0$이면 $n = 1$일 때 (※)을 만족시킴 $\Rightarrow a_2 < 0$ 이고

a_1의 부호는 양수, 음수 모두 가능하다.

(ii) $a_5 < 0$인 경우

① $a_3 < 0$일 때 a_1, a_2의 부호는 (i)의 경우와

마찬가지이다.

② $a_3 > 0$일 때

$a_3 > 0$, $a_4 > 0$ 이므로

$a_2 < 0$ 이면 $n = 2$ 일 때 (※)을 만족시킴 $\Rightarrow a_2 > 0$

이고, 마찬가지 방법으로 $a_1 > 0$

임을 알 수 있다.

(i), (ii) 의 모든 경우 a_4와 $n \geq 6$ 일 때의 a_n의 값은

이미 정해져 있고,

(i)의 경우 $a_2 + a_3 + a_5 = -5 - 7 + 11 = -1$이고,

$a_1 = \pm 3$

(ii)- ①의 경우 $a_2 + a_3 + a_5 = -5 - 7 - 11 = -23$이고,

$a_1 = \pm 3$

(ii)- ② 의 경우 $a_1 + a_2 + a_3 + a_5 = 3 + 5 + 7 - 11 = 4$

이므로

$M - m = (a_1 + a_2 + a_3 + a_5$의 최댓값과 최솟값의 차$)$
$\quad\quad = 4 - (-26) = 30$

임을 알 수 있다.

114.　　　　　　　　　　　　　　　　　정답_②

자연수 p에 대하여

$a_1 = p$라 하면 (가)에서

$a_2 = p-1,\ a_3 = p-2,\ \cdots,$

$\{a_p = 1,\ a_{p+1} = 0,\ a_{p+2} = -1,\ a_{p+3} = 5,\ a_{p+4} = 4,$

$a_{p+5} = 3,\ a_{p+6} = 2,\} \cdots \ominus$

$\{a_{p+7} = 1,\ a_{p+8} = 0,\ \cdots\}$

제p항 이후는 주기가 7인 주기수열이다.

따라서

$a_1 = p,$

$a_p = 1,\ a_{p+7n} = 1$

$a_{p+1} = 0,\ a_{p+1+7n} = 0$

$a_{p+2} = -1,\ a_{p+2+7n} = -1$

$a_{p+3} = 5,\ a_{p+3+7n} = 5$

$a_{p+4} = 4,\ a_{p+4+7n} = 4$

$a_{p+5} = 3,\ a_{p+5+7n} = 3$

$a_{p+6} = 2,\ a_{p+6+7n} = 2$

$\quad\quad\vdots\quad\quad\quad\quad\vdots$

이다.

(나)에서 $a_4 = p-3$이므로 $a_{35} = 15 - p$이다.

$15 - p$의 값은 집합 $\{-1, 0, 1, 2, 3, 4, 5\}$의 원소이다.

따라서 자연수 p의 값은 10, 11, $\cdots$, 16이다.

(i) $p = 10$일 때, $a_{35} = 5$

$a_{10} = 1,\ a_{10+7\times3} = a_{31} = 1$이므로 ㉠에서 $a_{35} = 4$

모순이다.

(ii) $p = 11$일 때, $a_{35} = 4$

$a_{11} = 1,\ a_{11+7\times3} = a_{32} = 1$이므로 ㉠에서 $a_{35} = 5$

모순이다.

(iii) $p = 12$일 때, $a_{35} = 3$

$a_{12} = 1,\ a_{12+7\times3} = a_{33} = 1$이므로 ㉠에서 $a_{35} = -1$

모순이다.

(iv) $p = 13$일 때, $a_{35} = 2$

$a_{13} = 1,\ a_{13+7\times3} = a_{34} = 1$이므로 ㉠에서 $a_{35} = 0$

(v) $p = 14$일 때, $a_{35} = 1$

$a_{14} = 1,\ a_{14+7\times3} = a_{35} = 1$이므로 조건을 만족시킨다.

(vi) $p = 15$일 때, $a_{35} = 0$

$a_{15} = 1,\ a_{15+7\times3} = a_{36} = 1$이므로 ㉠에서 $a_{35} = 2$

모순이다.

(vii) $p = 16$일 때, $a_{35} = -1$

$a_{15} = 16,\ a_{16+7\times3} = a_{37} = 1$이므로 ㉠에서 $a_{35} = 3$

모순이다.

(i)~(vii)에서 $p = 14$이다.

따라서 $a_1 = 14,\ a_{14} = 1,\ a_{21} = 1,\ a_{28} = 1,\ a_{35} = 1,$

$a_{42} = 1,\ a_{49} = 1,\ a_{56} = 1$

그러므로 $a_{60} = 4$

115.　　　　　　　　　　　　　　　　　정답_④

$a_{n+1} = \begin{cases} a_n - 2 \\ -a_n + 6 \end{cases}$ 둘 중 하나의 값으로 나올 수 있다.

따라서

a_4의 값을 A라 하였을 때,

$A \to \begin{cases} A-2 \to \begin{cases} A-4 \to \begin{cases} A-6 \ (X) \\ 10-A \ (A=5) \end{cases} \\ 8-A \to \begin{cases} 6-A \ (A=3) \\ A-2 \ (X) \end{cases} \end{cases} \\ -A+6 \to \begin{cases} -A+4 \to \begin{cases} -A+2 \ (A=1) \\ 2+A \ \ (X) \end{cases} \\ A \to \begin{cases} A-2 \ \ (X) \\ -A+6 \ (A=3) \end{cases} \end{cases} \end{cases}$ 으로부터

가능한 a_4는 1또는 3 또는 5이다.

역으로 추론을 하면

$11 \leftarrow 9 \leftarrow 7 \leftarrow 5$로부터 최댓값 11이 구해지고,

$1 \leftarrow 5 \leftarrow 1 \leftarrow 5$로부터 최솟값 1이 구해지므로

최댓값과 최솟값의 합은 12이다.

116.　　　　　　　　　　　　　　　　　정답_④

$a_1 = a > 0,\ a_2 = b$라 하면 $a_{n+2} = a_{n+1} - a_n$이므로

$a_1 = a,\ a_2 = b,\ a_3 = b-a,\ a_4 = -a,\ a_5 = -b,$

$a_6 = a-b$

$a_4 + a_5 = 0$이므로 $a+b = 0$, 즉 $b = -a < 0$이고

$a_7 = a,\ a_8 = b,\ a_9 = b-a,\ a_{10} = -a,\ a_{11} = -b,$

$a_{12} = a-b$

따라서 $a_{n+6} = a_n$이다.

또, $S_1 = a > 0,\ S_2 = a+b = 0,\ S_3 = 2b < 0,$

$S_4 = 2b-a < 0,\ S_5 = b-a < 0,\ S_6 = 0$

이므로 $S_{n+6} = S_n$이다. 따라서 $S_n < 0$이면 $n = 6k-3,$

$6k-2$, $6k-1$ (k는 자연수)
이므로 300 이하의 자연수 n의 개수는 150이다.

117.

정답_②

[출제자 : 김진성T]

조건(가)에서 $a_3 + a_4 = 0$이므로 $a_3 = x$, $a_4 = -x$라 놓고
x의 범위를 구하면 된다.
$a_1 = p$, $a_2 = q$라 놓고 주어진 수열을 추론하면 다음과
같다.
$$a_{n+2} = \begin{cases} -a_{n+1} & (a_n \le a_{n+1}) \\ a_{n+1} - 2a_n & (a_n > a_{n+1}) \end{cases}$$ 에서
증가(증)이면 $-a_{n+1}$, 감소(감)이면 $a_{n+1} - 2a_n$ 임을
이용해서 그 다음 항들을 유추해 보자.

(1) $x \ge 0$ 일 때

n	1	2	3	4	5	6	7	8	9
a_n	p	q	x	$-x$	$-3x$	$-x$	x	$-x$	$-3x$
증감				감	감	증	증	감	감

$\sum_{k=1}^{9} a_k = p + q - 7x = -18$ 이고

(i) $p \le q, q \le x$ (증,증) 인 경우
$x = -q$, $-x = -x$ 이므로 $p = 8x - 18$, $q = -x$ 이고
$8x - 18 \le -x$, $-x \le x$ 이다. $\therefore\ 0 \le x \le 2$

(ii) $p \le q, q > x$ (증,감)인 경우
$x = -q$, $-x = x - 2q$ 이므로 $p = -18$, $q = 0$, $x = 0$
$\therefore$ 모순

(iii) $p > q, q \le x$ (감,증) 인 경우
$x = q - 2p$, $-x = -x$ 이므로 $p = 2x - 6$, $q = 5x - 12$
이고
$2x - 6 > 5x - 12$, $5x - 12 \le x$ 이다. $\therefore\ 0 \le x < 2$

(iv) $p > q, q > x$ (감,감)인 경우
$x = q - 2p$, $-x = x - 2q$ 이므로 $p = 0$, $q = 3$, $x = 3$ $\therefore$
모순

(2) $x < 0$ 일 때

n	1	2	3	4	5	6	7	8	9
a_n	p	q	x	$-x$	x	$3x$	x	$-x$	x
증감				증	감	감	증	증	감

$\sum_{k=1}^{9} a_k = p + q + 5x = -18$ 이고

(i) $p \le q, q \le x$ (증,증) 인 경우
$x = -q$, $-x = -x$ 이므로 $p = -4x - 18$, $q = -x$
이고
$-4x - 18 \le -x$, $-x \le x$ 에서 $x \ge 0$ $\therefore$ 모순

(ii) $p \le q, q > x$ (증,감)인 경우
$x = -q$, $-x = x - 2q$ 이므로 $p = -18$, $q = 0$, $x = 0$
$\therefore$ 모순

(iii) $p > q, q \le x$ (감,증) 인 경우
$x = q - 2p$, $-x = -x$ 이므로
$p = -2x - 6$, $q = -3x - 12$ 이고
$-2x - 6 > -3x - 12$, $-3x - 12 \le x$ 이다. $\therefore$
$-3 \le x < 0$

(iv) $p > q, q > x$ (감,감)인 경우
$x = q - 2p$, $-x = x - 2q$ 이므로
$p = 0$, $q = -3$, $x = -3$ $\therefore$ 모순
a_3의 최댓값과 최솟값의 합은 $2 + (-3) = -1$

118.

정답_②

$a_{51} = a_{2 \times 25 + 1} = a_{25} + 25$
$\qquad = a_{2 \times 12 + 1} + 25 = a_{12} + 25$
$\qquad = a_{2 \times 6} + 25 = |a_6| - 6 + 25$
$\qquad = ||a_3| - 3| + 19 \cdots \bigcirc$
에서
$a_3 = a_{2 \times 1 + 1} = a_1 + 1 = -1$
$\bigcirc$에서 $a_{51} = |1 - 3| + 19 = 21$

119.

정답_③

$a_1 = x$라 하면
$a_2 = -\frac{1}{2}x$, $a_3 = \frac{1}{4}x$, $a_4 = \frac{1}{2}x$, $a_5 = -\frac{1}{4}x$, $a_6 = \frac{1}{8}x$,
$a_7 = \frac{1}{4}x$, $a_8 = -\frac{1}{8}x$, $a_9 = \frac{1}{16}x$, $a_{10} = \frac{1}{8}x$,
$a_{11} = -\frac{1}{16}x$, $a_{12} = \frac{1}{32}x$
$\frac{1}{32}x = \frac{1}{2}$에서 $x = 16$이다.
$a_1 = 16$, $a_{11} = -1$이므로 $a_1 + a_{11} = 15$이다.

120.

ㄱ.

$b_i + b_j = 2m$이므로

$b_i b_j = b_i(2m - b_i) = -b_i^2 + 2mb_i$

$\quad = -(b_i - m)^2 + m^2$

$b_i = b_j = m$일 때 $b_i b_j$는 최댓값 m^2을 갖는다.

즉, $b_i = b_j = m$인 서로 다른 두 자연수 i, j가 존재해야

한다. (ㄱ. 참)

$\therefore A = 100$

ㄴ.

$|a_k - m| \geq 0$이므로 모든 자연수 n에 대해

$b_n \leq b_{n+1}$이고

등호는 $|a_{n+1} - m| = 0$ 즉, $a_{n+1} = m$일 때 성립한다.

따라서 어떤 자연수 p에 대해

$a_p = m$이고 $b_{p-1} = b_p = m$

그리고 수열 $\{a_n\}$의 공차를 d라면

$b_{p-2} = b_{p-1} - |a_{p-1} - m|$

$= b_{p-1} - |a_{p-1} - a_p|$

$= b_{p-1} - |-d|$

$= m - d$

$b_{p+1} = b_p + |a_{p+1} - m|$

$= b_p + |a_{p+1} - a_p|$

$= b_p + |d|$

$= m + d$

이므로 $b_{p-2} + b_{p+1} = 2m$이고 $n < p-2$이면 $b_n < b_{p-2}$,

$n > p+1$이면 $b_n > b_{p+1}$이다.

즉, $b_i b_j = b_i(2m - b_i)$의 두 번째로 큰 수는

$b_{p-2} b_{p+1} = (m-d)(m+d) = m^2 - d^2 = m^2 - 4$

$d^2 = 4$

이므로 공차 $d = 2$

따라서 $a_2 - a_1 = 2$이다. (참)

$\therefore B = 10$

ㄷ.

따라서

$a_k = a_p + (k-p)d = m + 2(k-p)$

$b_p = \sum_{k=1}^{p} |a_k - a_p| = 2\sum_{k=1}^{p} |k-p| = p(p-1) = m$

$a_p = a_1 + 2(p-1) = m$

$a_1 + 2(p-1) = p(p-1)$

따라서 $a_1 = (p-1)(p-2)$

$a_m = (p-1)(p-2) + 2\{p(p-1) - 1\}$

$= 3p^2 - 5p = 50$

따라서 자연수 $p = 5$이고 이때 $a_1 = 4 \times 3 = 12$이다.

그러므로 $a_2 = 14$이다. (거짓)

$\therefore C = 0$

그러므로 $A + B + C = 110$이다.

RENDEZVOUS